食と農の環境問題

持続可能なフードシステムをめざして

樫原正澄 編

すいれん舎

まえがき

　本書は、日本の食生活の持続可能について、食料の生産・流通・消費の全過程を視野に入れて、全体的なフードシステムとして学ぶことを目的としている。

　日常的に流通している食料はどのように生産されて、消費者の手に届いているのか、普段は気にかけないことを考えてみると、そこには種々の問題が浮かび上がってくる。

　消費者にとっては、食料消費の持続可能性が重要な問題となるであろう。食料生産が持続的に継続されるための条件とは何なのか。食料生産と環境とはどのように関係するのか。食の安全・安心はどのように確保されるのか。現在の食料消費を継続することによって、国民の健康は維持されるのか。

　本書は、こうした課題について、考えることを主眼としている。

　そこで、大きくは4つのパートに分けて、考察することにした。

　第1には、「Ⅰ　日本の食生活の変容と現代の食生活」と題して、食生活の現代的特徴を考えるために、食生活の変容過程を考察して、日本の食糧問題の構造を明らかにする章を配置している。

　第2には、「Ⅱ　現代日本の食料流通と環境問題」と題して、食料流通の現状を述べて、環境問題の視覚から、食料流通の今日的課題を考える章を配置している。

　第3には、「Ⅲ　食の安全・安心と健康リスク」と題して、人間の生命を支える重要な食料について、食の安全・安心と健康リスクに係わる章を配置している。

　第4には、「Ⅳ　持続可能なフードシステムをめざして」と題して、持続可能なフードシステムの構築を考える章を配置している。

　それでは、各章の内容について、概要を述べることとしたい。

まえがき

　最初に、「Ⅰ　日本の食生活の変容と現代の食生活」には、次の3つの章が配置されている。

　「第1章　日本の食文化と伝統食」（森隆男）においては、関西の伝統食を中心として、和食について歴史的観点から考察を加えている。まずは、食材、調味料、食器・食事の回数について歴史的に考察し、関西の伝統食の日常とハレをみている。その上で、伝統食の継承と今後の課題について論じている。

　「第2章　日本の食料生産の現状と担い手」（樫原正澄）においては、日本農業のあり方（農業の構造的問題）との関わりで、日本農業の担い手問題を考察している。まずは、農地の所有と利用について考え、農業生産の動向と食料自給について考察を加えている。そして、農業経営の動向を述べて、農業の担い手問題を論じている。

　「第3章　食生活の変化と現代日本の食生活」（樫原正澄）においては、第2次世界大戦後の日本の食生活の変化について述べ、現代日本の食生活のあり方を考察している。まずは、日本の食生活の欧米化について述べ、加工・冷凍食品の普及による食生活の変化過程、外食・中食産業の発展による食生活の変化について考察を加えている。その上で、今後の食生活のあり方について論じている。

　次に、「Ⅱ　現代日本の食料流通と環境問題」には、次の4つの章が配置されている。

　「第4章　食品流通の再編動向」（樫原正澄）においては、1980年代以降の規制緩和のなかでの食品流通構造の再編動向について考察している。まずは、食品製造業の動向について述べ、食品卸売業の変貌について卸売市場制度改正を通して検討し、食品小売市場の動向をみている。その上で、食生活の変化と食品流通のあり方について論じている。

　「第5章　日本のフードシステムと環境負荷」（良永康平）においては、第2次世界大戦後の日本の食と農の大きな変化による、フードシステム全体として環境負荷の変化を考察している。まずは、食と農の相互関係を、フードシステムとして把握・分析している。そして、生産・輸入における環境負荷を検討し、フード・マイレージ、食品廃棄物について考察している。その上で、フードシステム全体としての環境負荷の低減について論じている。

「第6章 食農を支える生態系環境」(良永康平)においては、食と農を支える生態系環境の役割について考察している。まずは、食料生産を支える水資源利用に関して、仮想水という指標について述べている。そして、森林ならびに生物多様性の役割について考察している。農林水産業の有する「多面的機能」について紹介している。その上で、日本の食と農における環境持続可能性について論じている。

「第7章 自然環境と生活環境を守る――消費者運動と流通業の課題」(杉本貴志)にいては、自然環境と生活環境を守るための消費者運動と流通業の課題について考察している。まずは、協同組合運動の「コープ・ユナイテッド2012」を紹介して、コミュニティのニーズに応える協同組合について述べている。そして、生活環境を守る事例として、レジ袋有料化問題を検討して、流通業の課題を検討している。また、フェアトレードについて考察している。最後に、倫理的消費について論じている。

続いて、「Ⅲ 食の安全・安心と健康リスク」には、次の4つの章が配置されている。

「第8章 食べ物の安全の考え方とその評価の仕組み」(辛島恵美子)においては、現代における農業の工業化、グローバル貿易の進展という状況下で、食べ物の安全について考察している。まずは、リスク・アナリシスの考え方を紹介している。そして、食品添加物、残留農薬について考察している。遺伝子組換え技術、遺伝子組換え食品について考察を加えている。最後に、残された課題を論じている。

「第9章 食品の安全を守る社会の仕組み」(高鳥毛敏雄)においては、食品の安全を担保するための仕組みについて考察している。まずは、イギリスにおける食品安全制度について紹介し、続いて、日本における食品安全制度の発足の経緯と現段階的特徴を述べている。そして、輸入食品の安全対策、食品製造・加工段階における安全対策について検討している。その上で、日本における食品安全体制の確立のための課題を論じている。

「第10章 食品の機能と健康」(吉田宗弘)においては、食品と栄養に係わる基本的事項について考察している。まずは、栄養という用語について述べている。そして、食品の機能について解説している。その上で、身体に良

まえがき

い食品とは何かを論じている。

　「第11章　食生活と健康との関わり」(吉田宗弘)においては、食生活と疾病との関連について考察している。食生活の対比として、米を中心にしたアジア型食生活と畜産物に依存する欧米型食生活を検討している。そして、食生活と疾病との関係について考察を加えている。その上で、日本人の食生活の課題と未来を論じている。

　最後に、「Ⅳ　持続可能なフードシステムをめざして」には、次の2つの章が配置されている。

　「第12章　豊かな食生活と持続可能なフードシステム」(樫原正澄)においては、安心・安全で豊かな食生活を持続的に発展させるための方策について考察している。まずは、地産地消の事例について述べている。そして、農産物流通における食の安心・安全の取り組みを紹介している。農業の生産現場ならびに卸売市場における環境問題への取り組みについて、その現状を述べている。その上で、農産物流通の新しい方向について論じている。

　「第13章　『食』と『農』の新しい関係——持続可能なコミュニティの建設のために」(杉本貴志)においては、現代の消費社会においては「消費者主権」の考え方だけではなく、大事なことは「持続可能なコミュニティづくり」をめざすことではないかと問題提起している。まずは、効率優先主義＝比較生産費説の限界を指摘している。そして、「FEC自給圏」構想を紹介して、「自立したコミュニティ」の再興・建設の必要性について考察している。その上で、「食」と「農」の新しい関係について論じている。

　以上に述べてきたように、本書においては、食料の生産と消費を結ぶ種々の要因について、食生活の持続可能性をめざして、環境問題の視点を取り入れて多面的に分析を加えている。読者にとっては、幅広い分野を網羅しているので理解困難な箇所があるかもしれないが、全体としての意図を汲み取って頂ければ幸いである。

編　者

食と農の環境問題
持続可能なフードシステム

目　次

目　次

まえがき　*3*

Ⅰ　日本の食生活の変容と現代の食生活

第1章　日本の食文化と伝統食 ──────────（森　隆男）*14*

　　はじめに　*14*
　　1　食の歴史　*14*
　　2　関西の伝統食にみる日常とハレ　*17*
　　3　食文化の継承と今後　*20*
　　むすび　*22*

第2章　日本の食料生産の現状と担い手 ──────（樫原正澄）*24*

　　はじめに　*24*
　　1　農地の所有と利用　*24*
　　2　農業生産の動向と食料自給　*27*
　　3　農業経営の動向　*33*
　　4　農業の担い手問題　*35*
　　むすびに　*38*

第3章　食生活の変化と現代日本の食生活 ──────（樫原正澄）*40*

　　はじめに　*40*
　　1　日本の食生活の欧米化　*40*
　　2　加工・冷凍食品の普及と食生活　*43*
　　3　外食・中食産業の発展と食生活　*47*
　　4　日本の食生活のゆくえ　*50*
　　むすびに　*53*

目　次

Ⅱ　現代日本の食料流通と環境問題

第4章　食品流通の再編動向 ──────────（樫原正澄）56

はじめに　56
1　食品製造業の動向　57
2　食品卸売業の変貌と食品流通　60
3　食品小売業の変貌と食生活　65
4　食品消費の変貌と食品流通　68
むすびに　70

第5章　日本のフードシステムと環境負荷 ──────（良永康平）72

はじめに　72
1　フードシステムで捉える　73
2　生産における環境負荷　78
3　輸入による環境への負荷　80
4　フード・マイレージ　83
5　食品廃棄物　86
むすび　88

第6章　食農を支える生態系環境 ──────────（良永康平）91

はじめに　91
1　仮想水（Virtual Water）とウォーターフットプリント　91
2　水資源の確保・涵養と森林　95
3　生物多様性の危機と里地里山保全　99
4　農林水産業の「多面的機能」　103
むすび──日本の食農の環境持続可能性　104

目次

第7章　自然環境と生活環境を守る ──────（杉本貴志）106
　　　　── 消費者運動と流通業の課題

　1　コープ・ユナイテッド 2012　106
　2　生活する環境を守る流通業　109
　3　第三世界の生産・生活環境を守る流通　113
　4　倫理的消費　116

Ⅲ　食の安全・安心と健康リスク

第8章　食べ物の安全の考え方とその評価の仕組み ──（辛島恵美子）120

　はじめに　120
　1　現代社会の食べ物の安全とリスク・アナリシスの発想　121
　2　食べ物の安全と化学物質の毒性試験　126
　3　モダンバイオテクノロジーと新型農産物の安全　129
　むすび── 残された課題　134

第9章　食品の安全を守る社会の仕組み ──────（髙島毛敏雄）136

　はじめに　136
　1　英国における食品安全の仕組みの誕生　137
　2　日本のおける食品安全制度の発足とその到達点　139
　3　輸入食品の食品安全対策の組織体制の整備　141
　4　食品の製造・加工過程における安全対策──ハサップ（HACCP）　146
　5　日本の食品安全体制の確立──食品安全基本法の制定　148
　6　食品安全のリスク評価、管理機関　152
　7　食品安全確保を支える人材育成と配置　155
　むすびに　156

目次

第10章　食品の機能と健康 ────────（吉田宗弘）158

　　はじめに　*158*
　　1　栄養という漢字の意味　*159*
　　2　食品の機能　*161*
　　3　食生活の改善　*164*
　　4　三次機能は活用できるか　*167*
　　むすび──身体にいい食品とは　*172*

第11章　食生活と健康との関わり ────────（吉田宗弘）175

　　はじめに　*175*
　　1　米と日本人　*175*
　　2　小麦　*178*
　　3　エネルギーバランスから見たアジア型食生活と欧米型食生活　*179*
　　4　食生活と疾病の関係　*184*
　　5　日本人の食生活の課題と未来　*190*
　　むすび　*192*

IV　持続可能なフードシステムをめざして

第12章　豊かな食生活と持続可能なフードシステム ───（樫原正澄）196

　　はじめに　*196*
　　1　農産物流通の新たな潮流　*196*
　　2　農産物流通における食の安全・安心　*200*
　　3　農産物の生産・流通における環境問題への対応　*202*
　　4　農産物流通の新しい方向　*205*
　　むすびに　*209*

目　次

第13章　「食」と「農」の新しい関係　────（杉本貴志）　210
　　　　──持続可能なコミュニティの建設のために

　1　消費者主権とコミュニティの持続的発展　210
　2　効率優先主義＝比較生産費説の限界　212
　3　ＦＥＣ自給圏の構想　215
　4　「食」と「農」の新しい関係　219

I

日本の食生活の変容と現代の食生活

第1章　日本の食文化と伝統食

森　隆男

はじめに

　平成25年12月、「和食」がユネスコ無形文化遺産に登録されて世界中から注目されるようになった。和食といえば京料理を思い浮かべる人が多いと思うが、和食の魅力は食材に加えて調味料や食器、作法など総合的にとらえてはじめて理解することができるだろう。本章では、関西の伝統食を中心に、和食を歴史的視点から紹介したい。

1　食の歴史

（1）食材（米・野菜・魚・肉）

　弥生時代に稲作が始まったが、日本人の主食は稗や粟などの雑穀が占める時代が長かったといえる。常に白米を食べることができるようになったのは、数十年ほど前からであろう。庶民が白米を腹いっぱい食べることができたのは盆と正月、そして結婚式や葬式などの特別な日であった。また、「麦飯」や「大根飯」に代表されるように、米に麦や野菜を加えて量を増やして主食とした。

　副食物を指す言葉に「菜」があり、野菜は粗末な副食物を意味する「粗菜」（後に蔬菜と表現）であったという。古代には大根やネギなどが栽培され、ワラビなどの山菜も採集されていた。中世以後は種類も増えていき、近世にはサ

ツマイモが救荒作物として普及する。近代に入るとレタスやアスパラガスなどの西洋野菜が移入された。しかし、これらの野菜は煮物にして食べられ、サラダとして生野菜を食べるようになった歴史はさらに浅く、第二次世界大戦後のことである。

　一方、魚は「真菜(まな)」すなわち本当の副食物として重要な位置を占めてきた。しかし、流通システムが整備されていない時代に新鮮な魚を食べることができたのは沿岸部だけであり、内陸部では塩漬けにされたイワシやサバがご馳走であった。ただし、川をさかのぼるサケやマスは重要な食材であり、東北地方では食材の年間サイクルの構成要素であった。

　農耕以前の人類の食生活は肉食に依存していた。縄文時代の遺跡からは、多くの獣類の骨が発見されている。7世紀後半に天武天皇が出した肉食禁止令は、牛、馬、犬、猿、鶏を対象としたものであった。当時これらの動物を食べていたわけで、鹿や猪は禁止の対象になっていない。元正天皇の時代にも宗教上の理由で広く獣を食材にすることが禁止されたが、その後の状況はよくわかっていない。江戸時代には「ももんじ屋」と呼ばれる猪や鹿の肉を売る店があり、「薬」と称して食べられていた。近代に入ると、牛肉を食べることが流行し、「すき焼き」は世界中で通用する日本食になっている。ただし、ステーキのように肉の塊を食べるのではなく、野菜と一緒に醤油で煮て食べる日本独特の食べ方であった。

（2）調味料・出汁(だし)

　和食の微妙な味付けはいつごろから始まったのだろうか。平安時代の貴族とくに藤原氏のような有力な貴族が大臣に任ぜられたとき、祝いの宴が開かれた。その時の食卓の様子を描いた図によると、飯のほかに多くの食品が器に盛られているが、調理をして味付けがなされたものではない。卓上の手前に4種類の調味料が入った器が置いてあり、これにつけて食べるのである。その調味料とは、塩、酢、酒、醬(ひしお)である。醬とは豆で作った味噌の原型といわれている。味噌は鎌倉時代に宋から帰国した僧侶がもたらした。さらに、味噌からにじみ出る液体が醬油を生み出し、室町時代の終わりには野田や紀州の湯浅など各地に醬油の産地ができた。今世界中でもてはやされているソイソース（醬油）の誕

生である。また、砂糖の普及はさらに遅く、近世になってサトウキビの生産が始まってからのことである。

うどんやそばなどの麺類や汁物には、出汁が欠かせない。一般的には小魚を乾燥させた「出汁じゃこ」が用いられてきた。近世の大坂では北前船でもたらされた北海道の昆布をベースに、薄口醬油を使用して出汁がつくられた。一方、江戸では鰹節をベースに濃口醬油を使用して出汁がつくられた。これらは関西風、関東風と呼ばれて現在に引き継がれている。カップ麺にも販売圏を考慮して使い分けがされているほど、根深い味覚といえる。

(3) 食器（器・箸・匙）・食事の回数

陶器の器を使用するようになるのは、瀬戸焼など日常雑器の窯が各地に開かれた近世以降のことで、それ以前は木製の「御器」であった。台所に出没するゴキブリの語源は「御器嚙り」であるという。

箸を使用する文化は、中国の影響を受けた東アジアに広く分布し、日本では平城宮趾から箸の遺物が出土している。食事の道具として長い歴史をもつ箸は、死者の枕飯に立てる一本箸など多様な習俗をともなって現在に至っている。

中華料理や韓国料理では、箸とともに匙が用いられる。とくに、金属製の容器を使用する韓国では匙が欠かせない。実は日本でも、古代の宮廷で箸と匙が併用され、正倉院の御物にも残っている。古代の末には姿を消したといわれているが、その背景には木椀の普及や食事の作法に大きな変化があったと思われる。

食器をのせる台は、近世の商家では箱膳が用いられた。銘々にあてがわれ、食事がすむとそのまま箱膳の引き出しの中にしまい、台所の膳棚に置く。食器を洗うのは1週間に1度程度であった。箱膳はその後農村部にも普及する。箱膳は主人を前に、その場の序列に従って並べられる。近代に入り、都市部に核家族のサラリーマンが生まれると、ちゃぶ台が普及していく。これは、序列を問わず食卓を囲む、新しい家族像を示すものであった。さらに第二次大戦後、公団住宅の建設がすすめられ合理的な生活が追及される過程で、ダイニングルームに椅子とテーブルが導入されて普及していった。

1日の食事の回数は、中世の中ごろを境に2回から3回になったといわれる。

ただし、仕事の合間に簡単な食事をとることがあったと考えられ、農家では農繁期に1日5回程度の食事をしていた。なお飛騨白川村では、かつて夏季には7回、冬季には6回の食事をしていた。これは主食が稗であり、激しい労働に対して十分なカロリーが取れなかったからである。

2　関西の伝統食にみる日常とハレ

（1）日常の食事

　日常の食事は、生業を問わず比較的質素である。主食は米であるが、関西の農村部では茶粥を食べるところが多かった。白米と布袋に入れた茶葉を粥状に炊いたものである。これに、餅を細かく切って炒ったキリコを入れて食べた。疲れた体に優しい食事であったという。炊き立てのご飯を食べる昼食以外は茶粥を食べる家庭が多かった。

　副食は漬物と、野菜の煮物が中心であった。漬物の素材は季節の野菜であるが、大根を漬けた「たくわん」は、秋から翌年の春にかけて食べる保存食でもある。収穫した大根を庭で干す風景は、秋の風物詩でもあった。野菜の煮物は「たいたん」（炊いたものという意味）と呼ばれ、みそ汁とともに夕食のご馳走になった。

　魚は、前記のように塩サバやイワシを買って煮魚や焼き魚にして食べた。海岸に近いところでは、「手々噛むイワシ」と呼ぶ鮮魚を振り売りに来た。そのほか、川や溝でうなぎや鯉、シジミなどを捕って食材にした。とくに農村部では、田に棲むタニシが重要なタンパク源であったという。

　いずれにしても日常の食材はほとんど自家製で、購入するのは海の魚と高野豆腐などの保存食だけであった。

（2）ハレの日の食事・神の食事

　盆や正月などの年中行事や結婚式などの人生儀礼の際は、日常の食事では見られないご馳走を食べることができる日である。その基本は、ぜいたくな調味料であった醤油を使用することにある。また、食材も買い求めたものを多用し

た。とくに正月前には、各地で市が立ち、食を通して新しい年の訪れを感じ取った。

ハレの日には、ご馳走のほかに正月の雑煮のように特別の料理が準備された。例えば3月の雛節供にはハマグリの吸い物が出される。これは二枚貝の貝殻は他の貝殻とは決して合わないことから夫婦関係の安定を象徴するものであり、将来の娘の良縁を願ったからである。また夏至から11日目を「半夏生(はんげしょう)」と呼び、農家では田植えが終わるころに当たる。この日、大阪周辺の農家ではタコを食べる習慣があった。稲の苗がタコの吸盤のように田に根付くことを願ったからである。

祭りの際に神に供える神饌もハレの日の食事といえる。現在は、生の魚や野菜をそのまま三方に載せて供えることが多い。しかし明治以前は、最高の食材を貴重な調味料で調理したものを供えてきた。貴重な調味料とは醬油であるが、これを「熟饌(じゅくせん)」という。祭りの日に来訪してきた神は最高の客であり、最高のもてなしをすべき対象であったからである。そして、神饌は神と人が共食をするものであった。

一方、毎年9月1日に滋賀県日野町中山で行なわれている「芋競べ祭り(くら)」（国指定重要無形文化財）は、古風な祭りを伝承していることで知られる。2つの村が里芋の長さを競い合う祭りで、里芋を主食にしていた時代の名残を伝えているといわれている。神饌として鏡餅のほかに、ササゲ豆や冬瓜(とうがん)、ブトと呼ばれる米粉の餅が、塩味または醬油味で調理されて供えられる。そのほか、芋のずいきは梅酢の味付けがされている。また、「御鯉(おり)」と呼ばれる鯉の形にした米粉の神饌は、「精進料理」

芋競べ祭りの神饌「御鯉(おり)」

第1章　日本の食文化と伝統食

のため本物の魚を避けた結果と思われるが、日常生活では鯉が重要な食材であったことを示している。いずれも、古い時代の農村の食文化を知るうえで貴重な資料といえる。

（3）鮒ずしと柿の葉ずし

　すしのルーツは東南アジアといわれている。魚を発酵させて味を調え保存する食文化が伝承されており、タイのナンプラーやベトナムのヌックマムと呼ばれる魚醬も同類の食文化として知られている。日本でも、能登半島のイシルや秋田県のショッツルに魚醬の系譜をみることができる。

　すしは中国にも伝播し、宋の時代に最盛期を迎えたが、元の時代に衰退・消滅した。漢民族が生食をしない食文化を確立していったことと関係があるといわれている。中国では、すしはすでに忘れ去られた食文化であり、わずかに雲南省などの少数民族に残っている。

　朝鮮半島では、慶尚道などの東海岸で、

農家で作られる鮒ずし

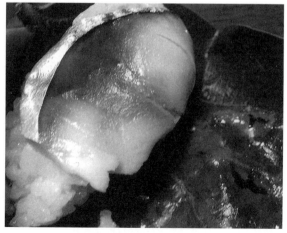

ナマナレズシの柿の葉ずし（吉田佳寿子氏提供）

19

Ⅰ 日本の食生活の変容と現代の食生活

シッケと呼ばれるすしがつくられている。これは麦芽を使用したすしで、野菜なども一緒に漬けこむという。

　すしは日本にも伝来し、その古態が琵琶湖の沿岸に残存している鮒ずしである。鮒ずしは、毎年夏にニゴロブナを蒸したご飯と一緒に漬け、正月ごろに取り出して食べる。その際、ごはんを取り除くが、これはごはんが発酵をすすめる材料に使用されているからで、このようなすしをナレズシと呼んでいる。琵琶湖の沿岸には、儀礼食としてドジョウズシも伝承されており、かつては鮒に限らず淡水魚をすしにして食べる文化が存在していた可能性が高い。なお近年、今見ることができる鮒ずしの始まりを、近世初期とする説も提出されている。

　柿の葉ずしは、奈良県の五條市を中心に分布していた比較的古いすしの食文化である。現在市販されている柿の葉ずしは、鯖の切り身を載せたご飯を柿の葉で包んだもので、柿の葉の香りを楽しむすしとして人気を博している。しかし、かつては2週間ほどすし桶に漬けこんで発酵させたナマナレズシであった。

　近世に入り、酢を使用して味を調えた酢飯に新鮮な魚をのせた「早ずし」が、江戸を中心に普及していった。そして、巻きずしや稲荷ずしなど魚を使用しないすしも考案され、現在みることができるすし文化が全国に普及していくことになる。

3　食文化の継承と今後

(1)「もず精進」

　精進料理は仏教の影響のもとで成立した、魚や肉、刺激臭のある食材を避けた料理と理解されている。堺市の髙林家では、今なお正月料理として継承されている。元旦の早朝、当家の主人と長男だけで、土間の竈でご飯を炊き野菜の煮物をつくる。料理が出来上がったころ、家族が起きてきて祝いの膳を囲む。この間、女性は全く関与しない。料理は調味料に醤油を使用しているが極めて質素な内容で、3日の夕方に魚の鍋物を食べることで「精進落し」をして通常の食生活に戻る。なおこの地域では、正月の三が日は静かに引き籠り、外出す

ることもなかった。年始に訪れる客のために、玄関に酒とおせち料理を用意したという。これについて、折口信夫は「もうずしょうじん」という名称で紹介し、かつてこの地方の神祀りの際の食文化であると指摘した。

(2) 食の体験

私の研究室では、大阪府能勢町の古民家を利用し、伝統食を再現して試食したことがある。地元の古老たちから伝統食について聞き書きをして、一緒に調理し、一緒に食べる企画であった。それは単に料理法を学ぶ場ではなく、食材の選択から下ごしらえ、調理、器、当地の伝統的な味付けなど食文化全体を学ぶ機会になった。核家族化が進み、日常生活では2世代前の家族から食に関して伝授される機会がほとんどなくなった。冠婚葬祭のハレの日も、料理は専門の業者から取り寄せることが一般的である。地域社会の中で世代を超えて一緒に調理し食べる催しの魅力は、当日の参加者の笑顔に端的に表れていたと思う。伝統食の魅力を伝える場が、今後増加することを願っている。

古民家で伝統食を作る

（3）家庭菜園へのいざない

　畑で完熟したトマトのおいしさは、言葉では表現できない。根菜類を除き多くの野菜は新鮮さが味覚と視覚から得られ、その魅力が畑を持たない人たちを家庭菜園にいざなう。自ら栽培した野菜は自ら調理をしたくなるものである。

　さて、野菜を栽培して気付くことは、病害と虫害に対する管理の難しさである。とくに虫害はキャベツなど葉菜類で著しく、健康被害を考慮して農薬の散布を控えるとたちまち食い尽くされてしまう。周辺の畑の虫を集めてしまうからであろう。逆に、店頭に並んでいる虫喰いのない美しい野菜をみると、使用された農薬の量を意識せざるを得なくなる。

　また、外形の不揃いにも驚くはずである。キュウリなどは半数が曲がり、両端の太さが大きく異なる実になる。出荷前に規定外の形や規模の野菜は、畑に放置され処分されているのである。これは段ボールなどの梱包材の規格すなわち流通段階の利便性に基づく。各地にオープンした「道の駅」では、地元の食材を比較的手を加えず消費者に届けている点で評価できる。

　生産者と消費者の距離がこのような食材を取り巻く現状と課題を見えなくしており、家庭菜園の経験がこれらを考える機会になると思っている。

むすび

　アメリカで始まったフライドチキンやハンバーガーなどのファーストフードの店舗が全国的に展開され、今や日常の食生活の中で一定の役割を果たしている。一方、1980年代にイタリアで提唱されたスローフードは、①伝統的食文化の尊重、②地産地消による良質の食材の確保と生産者の保護、③食育を基本に食生活を見直す運動である。

　このうち、①について付言しておきたい。琵琶湖の沿岸とくに湖東地域には、住まいの中にカワトと呼ばれる場所がある。台所に清い水の流れを引き込み、そこに鯉を飼っている。調理の際にできた不要物や食器に残った残飯などを洗い流すと、鯉がそれらを食べて処理をしてくれる構造である。鯉もまた食材になる。環境にやさしい循環のシステムが伝統的に行なわれてきたのである。伝

第1章 日本の食文化と伝統食

統的な食文化には、食材の確保や調理方法などに加えて、環境の視点からも学ぶべき点が多い。

今後は、ファーストフードの利便性を享受しつつ、スローフードの思想をふまえた生活を目指していくことが求められているといえよう。

再現されたカワト（琵琶湖博物館）

（参考文献）

石毛直道『食の文化地理――舌のフィールドワーク』（朝日新聞社、1995年）

大塚滋『食の文化史』（中公新書417、1975年）

熊倉功夫『日本料理の歴史』（吉川弘文館、2007年）

小泉和子『和食の魅力』（平凡社、2003年）

農文協編『伝承写真館　日本の食文化　近畿』（農山漁村文化協会、2006年）

第2章　日本の食料生産の現状と担い手

樫原正澄

はじめに

本章では、まず、日本農業生産の現状について、農地の所有と利用、農作物作付面積、農業産出額、食料自給率、農業経営等の推移と動向をみてみる。それを踏まえて、日本農業の担い手問題を考えることにしたい。

現代の日本農業は大きな問題を抱えている。

1980年代以降、日本経済の国際化が進展し、日本農業もその渦中にあり、大きく変化する激動の時代を迎えている。

国民的課題として、安全・安心な国民食糧の確保があり、日本農業がこの課題に応えられるかどうかが問われている。日本農業の有する国民食糧の供給機能を維持できるかという問題である。日本農業のあり方をどうするのかという国民的課題でもある。

1　農地の所有と利用

(1) 耕地面積の推移

日本の耕地面積は、1960年以降、総面積としては一貫して減少してきた（図2-1参照）。

耕地面積は1960年の607万haから2014年には452万ha（減少率25.6％）

図2-1 耕地面積の推移

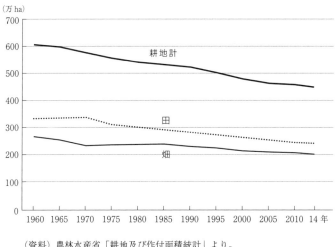

（資料）農林水産省「耕地及び作付面積統計」より。

へと、一貫して減少している。とりわけ、1970年代以降はより大きな減少率となっている。

地目別にみれば、面積増減の動きは若干違っている。

田については、1969年までは一貫して増加している。その理由としては、日本の主食である米の増産と関係しており、開田政策によって田面積は増加してきたのである。しかし、1960年代末からの「米過剰」の出現によって、減反政策が実施され、開田政策が抑制基調となり、田は減少傾向となっている。

これに対して、畑は、1960年269万haから1977年には238万haへと減少となったが、その後は、少し増加基調となり、1988年には243万haと若干の面積回復となった。その後は、また減少傾向となり、2014年で206万haとなっている。もう少し詳しく述べると、普通畑は基本的に減少傾向となっており、1961年217万haが2014年では116万haとなっている。樹園地は1970年代初頭までは、果樹が選択的拡大の成長作目であったことと関係して増加傾向にあったが、その後は、果樹過剰の影響により、面積は減少傾向となっている。牧草地については、1990年代初頭までは増加基調にあり面積を拡大し、その後は60万ha台で推移している。

I 日本の食生活の変容と現代の食生活

図2-2　耕地の拡張・潰廃面積の推移

（資料）農林水産省「耕地及び作付面積統計」。同省編『2015年版 食料・農村白書 参考統計表』より。

（2）耕作放棄地の拡大

　日本の耕地の拡張・潰廃の推移をみてみよう（図2-2参照）。

　耕地の拡張面積は、1960年代前半は3万ha台で推移してきたが、1960年代後半以降は4万ha台以上に上昇しており、1971年には5万6,200haでピークとなり、その後は増減しながら、1977年には3万8,600haとなり、4万ha台を割って、低下傾向となっている。1988年からは拡張面積は一段と低下して、1991年には8,160haとなり、1万ha台を割っており、その後は若干の増減を伴いながらも1万ha台以下で、拡張面積は低迷している。耕地面積の拡張は、農業生産増強のための開田・開畑政策とも関連している。

　耕地の潰廃に関しては、自然潰廃と人為潰廃があり、比率的には人為潰廃が大きなウェイトを占めている。そこで、人為潰廃の動きに着目してみよう。人為潰廃の面積は、1960年代以降に急上昇して、1971年には11万2,500haでピークとなり、その後は1971年のドル・ショック、1973年のオイル・ショックによる、経済の低迷により若干低下する。しかしながら、1974年には「土地価格の高騰」の影響により、11万500haを記録している。その後は、低下

傾向となり、1984年には3万5,500haまでに低下している。そして、バブル経済の進行に伴って上昇傾向を強め、1989年には5万2,600haの潰廃面積までに上昇した。1990年代には4万haを超える潰廃面積を持続している。2000年に入り、潰廃面積は3万ha台に低下し、上下運動を伴いながらも低下傾向を示しており、2014年には2万6,200haの潰廃面積となっている。

表2-1 耕地放棄地の推移

(単位：1,000ha)

年度	耕地面積(A)	耕作放棄地(B)	(B)/(A)
1975	5,572	131	2.35
1980	5,461	123	2.25
1985	5,379	135	2.51
1990	5,243	217	4.14
1995	5,038	244	4.84
2000	4,830	343	7.10
2005	4,692	386	8.23
2010	4,593	396	8.62

(資料) 農林水産省「耕地及び作付面積統計」、同「農林業センサス」。

人為潰廃の内訳としては、「非農業用途への転用」、「農林道等・植林等」、「荒廃農地等」がある。1968年以降は、経済活動の活発化に伴って、「非農業用途への転用」ならびに「荒廃農地等」は人為潰廃に占めるウェイトを高めている。

耕地面積の減少傾向のなかで、問題となっていることに、耕作放棄地がある（表2-1参照）。

前述のとおり、耕地面積は減少傾向となっており、そのなかで、耕作放棄地が増加している。耕地面積に占める耕作放棄地の割合は、1975年の2.35％から増加して、2010年には8.62％となっており、耕地面積の約1割が耕作放棄地という状況となっている。その面積は、2010年で39万6,000haであり、耕作放棄地対策が実施されている。

2　農業生産の動向と食料自給

（1）農作物作付面積の推移

農作物作付面積の推移について、みてみよう（図2-3参照）。

農作物作付延べ面積は、1960年には812万haであったが、高度経済成長期

I　日本の食生活の変容と現代の食生活

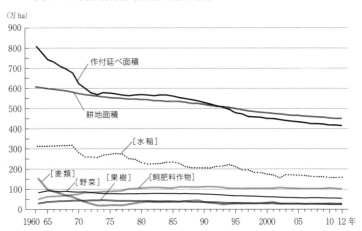

図2-3　農作物作付（栽培）面積の推移

（資料）農林水産省「耕地及び作付面積統計」。同省編『2015年版 食料・農村白書 参考統計表』より。

のなかで1974年には575万haと急減し、その後も減少率は緩やかにはなるが減少傾向となっている。そして、2013年には417万haとなり、1960年から396万haの減少（減少率48.7％）であり、作付延べ面積はほぼ半減している。作付延べ面積の減少と関係する指標である耕地利用率[1]で示せば、1960年には133.9％であったが、その後は、高度経済成長期のなかで急激に低下し、1970年には108.9％に低下して100％台となり、1993年の100.0％以降は100％を下回る状況となっており、2013年には91.8％までに低下している。耕地面積の減少ならびに耕地利用率の低下は、日本農業における耕地利用の劣弱性を示している。

作目別にみてみれば、水稲に関しては、1960年には312万haであり、1969年までは310万ha台で増加傾向にあったが、「米過剰」の顕在化に伴って、これ以降は基本的に減少傾向となっている。そして、1996年には197万haと200万haを割り、2013年には160万haまでに減少しており、1960年に比較して153万haの減少（減少率48.9％）と、ほぼ半減している。麦類に

---

[1] 耕地利用率（単位：％）とは、次の式で示される。
耕地利用率＝（作付延べ面積／耕地面積）＊100

ついては、1960年には152万haであったが、高度経済成長期のなかで急減し、1977年には17万haと最低を記録している。それ以降は政策的支えもあって、若干の回復傾向を示して、1980年から1992年までは30万ha台を維持してきた。しかしながら、1990年からは基本的に減少傾向となり、2013年には27万haまで減少しており、1960年に比較して125万haの減少（減少率82.3％）と、ほぼ壊滅的状況となっている。高度経済成長期における麦類の作付放棄は、その後の麦類作付面積に大きな影響を与えた。

　果樹については、1960年には25万haであったが、1961年制定の「農業基本法」の下で「成長作目」と位置づけられて増加傾向となり、1974年には44万haとピークを形成するが、これ以降は果樹の輸入と国内生産の「過剰」によって、減少傾向となる。2013年には24万haまで減少しており、1974年のピーク時に比較して19万haの減少（減少率44.9％）と、ほぼ半減している。

　野菜については、1960年には81万haであったが、高度経済成長期のなかで需要の増加に支えられて、1972年までは80万ha台を維持してきた。しかしながら、1970年以降から1990年頃までは緩やかな減少傾向となり、1990年代以降は一段と減少傾向を強めるようになった。2013年には53万haまで減少しており、1960年に比較して28万haの減少（減少率34.3％）と、作付面積の3割強の減少となっている。

　飼肥料作物については、1960年には51万haであったが、その後、増加傾向となり、1979年には100万haとなり、その後も増減を繰り返しながらも100万ha台を維持してきている。2013年には101万haとなっており、1960年に比較して51万haの増加（増加率99.9％）と、ほぼ2倍化している。

（2）農業産出額の推移

　農業産出額の推移について、みておこう（図2-4参照）。

　総産出額でみれば、1960年の1.9兆円から増加して、1990年には11.5兆円と6.0倍となっている。しかしながら、この時期を境として、農産物の輸入自由化と国内需要の低迷のため減少傾向となり、2013年には8.5兆円となっている。1990年に比較して3.0兆円の減少（減少率26.3％）であり、3割弱の減少となっている。

I 日本の食生活の変容と現代の食生活

図2-4　農業産出額の推移

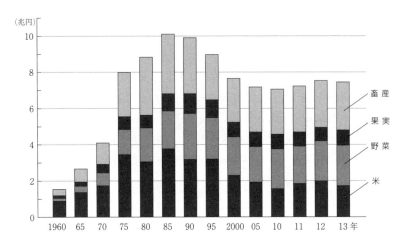

（資料）農林水産省「生産農業所得統計」。同省編『2015年版 食料・農村白書 参考統計表』より。

　こうした総産出額の動きに対して、作目間のウェイトの変化についてみれば、1960年には、米47.4％、野菜9.1％、果実6.0％、畜産18.2％、養蚕2.9％となっており、米のウェイトは高く、日本農業に占める稲作生産の大きさを示している。ところが、1960年代後半以降の「米過剰」の顕在化に伴って、生産調整政策が実施されたことも関係して、米のウェイトは低下する。これに対して、野菜ならびに畜産のウェイトは相対的に上昇して、2013年では、米21.0％、野菜26.6％、果実9.0％、畜産32.0％となっている。畜産が第1位となっており、第2位は野菜、米は第3位の位置に後退している。かつて、米は「3兆円産業」といわれたが、2013年には1.8兆円までに低下する状態となっている。日本農業の再建のためには、稲作生産の振興は不可欠な課題である。

（3）食料自給率の推移

　日本の食料自給の推移について、みてみることにする（**表2-2参照**）。
　供給熱量ベースの食料自給率をみれば、1960年度には79％であったが、開放市場体制下で農産物市場の開放は急速に進展し、2000年度以降は約40％で

表2-2 日本の食料自給率の推移

(単位:%)

年度		1960	1970	1980	1990	2000	2010	2014
食料自給率（供給熱量ベース）		79	60	53	48	40	39	39
食料自給率（生産額ベース）		93	85	77	75	71	69	64
主食用穀物自給率		89	74	69	67	60	59	59
飼料自給率		55	38	28	26	26	25	27
品目別自給率	コメ	102	106	100	100	95	97	97
	小麦	39	9	10	15	11	9	13
	大豆	28	4	4	5	5	6	7
	食用	70	18	23	25	27		
	野菜	100	99	97	91	81	81	80
	果実	100	84	81	63	44	38	43
	みかん	111	105	103	102	94	95	104
	りんご	102	102	97	84	59	58	56
	肉類	93	89 (28)	80 (12)	70 (10)	52 (8)	56 (7)	55 (9)
	牛肉	96	90 (61)	72 (30)	51 (15)	34 (9)	42 (11)	42 (12)
	豚肉	96	98 (16)	87 (9)	74 (7)	57 (6)	53 (6)	51 (7)
	鶏卵	101	97 (16)	98 (10)	98 (10)	95 (11)	96 (10)	95 (13)
	牛乳および乳製品	89	89 (56)	82 (46)	78 (38)	68 (30)	67 (28)	63 (28)

(資料) 農林水産省「食料需給表」。
(注) 1) 食用大豆には、みそ、しょうゆ向けは含まれていない。2) 肉類、鶏卵、牛乳及び乳製品の( )内は飼料自給率を考慮した値。3) 飼料自給率の1960年度の値は、1965年度の値。

推移している。他の先進諸国に比較して日本の食料自給率は低く、食糧確保に関する国民の不安は大きく[2]、食料自給の増大は国民的課題となっている。

これに対して、生産額ベースの食料自給率についてみれば、1960年度には93％であり、2014年度においては64％となっており、供給熱量ベースの食料自給率に比較して、現時点では、相対的に高い数値を維持している。しかしながら、農業のグローバル化の進展に伴って、農産加工品等の輸入は増大しており、この数値を維持できるかどうかは、農産加工の海外展開の動向に大きく関わっており、予断を許さないであろう。

食料自給のなかでも、主食用穀物自給率は国民食糧確保の上で大事な指標で

---

[2] 農林水産省『食料・農業・農村に対する国民の意識と行動』(2009年2月)を参照のこと。

ある。1960年度には89％であったが、2014年度には59％と30ポイントの低下となっており、低い水準である。主食用穀物の国内生産の増大と確保は、国民食糧確保にとって不可欠な課題であることを忘れてはならない。米はほぼ自給を達成しているが、小麦の自給率は低く1割程度の自給率しかなく、その結果、主食用穀物自給率は低くなっているのである。第2次世界大戦後における食生活の変化のなかで、「米離れ」の進行（＝米消費の減退）、洋食の普及・拡大（＝小麦消費の増大）がみられ、こうした食生活の変化に対応した国産小麦の生産・消費の増大は、国民食糧確保のための重要な課題の一つである。

畜産の産出額のウェイトは前述のとおり伸びてはいるが、畜産の飼料は輸入に依存している。低い飼料自給率という問題を抱えており、1960年度の55％から低下して、2014年度では27％となっており、畜産物消費の拡大のなかで、国産飼料の生産増大は日本畜産の展開にとって重要な課題となっている。

その他の品目をみれば、大豆の自給率は、1960年は28％であり、高度経済成長期のなかで急激に低下して、2014年度では7％となっている。大豆は、伝統的な日本食品である豆腐、味噌、醤油、納豆等の原材料であるが、国内生産の縮小・衰退に伴って輸入品に多く依存している。

野菜については、1990年頃までは基本的に国内自給であり、9割以上を自給していたが、円高と国内野菜生産の縮小に伴って自給率は低下して9割を下回り、2014年度では80％の自給率と低下しており、国内野菜生産は低迷している。

果実は本来的に国際商品ではあるが、1960年以降の日本経済の開放経済体制への移行に伴って、果実の輸入自由化は進展してきた。その結果、果実の自給率は急速に低下し、2014年度で43％に低下している。

肉類については、1991年の牛肉輸入自由化以降、急速に自給率を低下させた。2014年度の自給率は、肉類55％、牛肉42％、豚肉51％となっている。しかし、飼料自給率を考慮すると、自給率は肉類9％、牛肉12％、豚肉7％となり、日本畜産の生産構造は飼料自給を欠いて、加工畜産型といわれており、問題を抱えている。

鶏卵、牛乳及び乳製品の自給率は、2014年度で、それぞれ95％と63％と、高い自給率を維持している。しかしながら、肉類と同様に、飼料自給率を考慮

すると、その自給率は鶏卵13％、牛乳及び乳製品28％であり、何らかの理由により飼料輸入が途絶すると、その生産維持は困難な生産構造となっている。

3　農業経営の動向

(1) 農業経営体の推移

日本の農業経営体の推移について、みておこう（表2-3参照）。

農家数は、1960年606万戸であったが、2014年には141万戸に減少しており、465万戸の減少（減少率76.7％）である。専業農家数は、1960年208万戸から2014年には41万戸へと、167万戸の減少（減少率80.3％）となっている。とりわけ、高度経済成長期のなかで、農家労働力は日本経済の高度経済成長期

表2-3　農業経営体の推移

	(単位)	1960年	1970年	1980年	1990年	2000年	2010年	2014年
農家数	万戸	606	540	466	297	234	163	141
専業農家数	万戸	208	84	62	47	43	45	41
男子生産年齢人口がいる割合	％	－	－	69	67	47	41	
兼業農家数	万戸	398	456	404	250	191	118	101
主業農家数	万戸	－	－	－	82	50	36	30
農業就業人口	万人	1,454	1,035	697	482	389	261	227
60歳以上の割合	％		17.8	24.5	33.1	52.9	61.6	63.7
全就業人口に占める割合	％	33	20	13	8	6	4	
基幹的農業従事者	万人	1,175	711	413	293	240	205	168
新規学卒就農者	人	79,100	36,900	7,000	1,800	2,100	1,770	
集落営農数		－	－	－	－	－	9,961	14,643
農業生産法人数	法人	－	2,740	3,159	3,816	5,889	11,829	
1経営当たりの平均経営耕地面積	ha	0.9	1.0	1.0	1.1	1.2	2.2	2.2
参考　乳用牛の1戸当たり飼養頭数	頭	2.0	5.9	18.1	32.5	52.5	67.8	75.0
参考　豚の1戸当たり飼養頭数	頭	2.4	14.3	70.8	272.3	838.1	1,437.7	1,809.7

（資料）総務省「国勢調査」、「労働力調査」、農林水産省「農林業センサス」、「集落営農実態調査」、「新規就農者調査」、「農林漁家就業動向調査」、「家畜の飼養動向」、「畜産統計調査」、農林水産省調べ。

における労働力供給源となり、農家の兼業化に拍車がかけられた。兼業農家数の推移をみれば、1960年には398万戸であったが、1970年には456万戸に増加し、増加農家数は58万戸（増加率14.5％）であり、専業農家数の減少は兼業農家数の増加と裏腹の関係となっている。こうした状況は1980年以降には変化することとなり、兼業農家数も減少することとなり、とりわけ、1990年以降は日本農業の絶対的縮小のなかで兼業農家数は激減しており、2014年の兼業農家数は101万戸となっており、1970年に比較して、355万戸の減少（減少率77.9％）となっている。

　農業就業人口についても減少してきた。農業就業人口は、1960年には1,454万人であったが、2014年には227万人までに減少しており、1,227万人の減少（減少率84.4％）である。そして、農業就業者の高齢化が問題となっている。農業就業人口に占める65歳以上の割合は、1970年には17.8％であったが、2014年には63.7％となっている。基幹的農業従事者においても、同様な傾向にある。

　新規学卒就農者は、1960年には7万9,100人であったが、高度経済成長期のなかで新規学卒就農者は激減し、1970年には3万6,990人と半減し、その後も減少を続け、2010年には1,770人に減少しており、この50年間に7万7,330人の減少（減少率97.8％）である。

　このように日本の農業経営体の推移をみれば、農家総数ならび専業農家数の減少があり、農業の高齢化が深刻な問題であるといえる。

（2）農業後継者の動向

　新規就農者の推移について、みておこう（表2-4参照）。

　新規就農者の大半は新規自営農業就農者であり、雇用就農者ならびに新規参入者は比率的には少ない状況である。

　新規就農者数は2008年には6万人であったが、2013年には5万800人と、少し減少してきている。しかしながら、1990年当時は1万5,700人であったことを考えると、全体的には大きく回復してきている。しかし、新規就農者の年齢構成をみると、新規就農青年は約1万人であり、大半は40歳以上の離職就農者であるため、農業生産の高齢化の解消に直結はしていない。いずれにし

表2-4 新規就農者の推移

(単位：1000人)

		2008年	2009年	2010年	2011年	2012年	2013年
新規就農者		60.0	66.8	54.6	58.1	56.5	50.8
	女性	15.7	13.4	11.0	11.8	12.0	11.6
	49歳以下	19.8	20.0	18.0	18.6	19.3	17.9
新規自営農業就業者		49.6	57.4	44.8	47.1	45.0	40.4
	女性	12.8	11.1	8.5	8.7	8.8	8.7
	49歳以下	12.0	13.2	10.9	10.5	10.5	10.1
新規雇用就農者		8.4	7.6	8.0	8.9	8.5	7.5
	女性	2.7	2.1	2.4	2.9	2.9	2.6
	49歳以下	7.0	5.9	6.1	7.0	6.6	5.8
新規参入者		2.0	1.9	1.7	2.1	3.0	2.9
	女性	0.2	0.2	0.2	0.2	0.3	0.3
	49歳以下	0.9	0.9	0.2	1.2	2.2	2.1

(資料) 農林水産省統計部「新規就農者調査」。

ても、国民生活における農業の重要な役割を考えれば、新規就農者の動向に関しては注目をしなければならない。

4　農業の担い手問題

(1) 農業就業構造の変化

農業就業構造について、みておこう（表2-5参照）。

農家人口は1960年には3,441万人であったが、その後減少を続け、2014年には539万人（減少率84.3％）となっている。そうしたなかで、65歳以上の高齢者割合は着実に増加しており、2014年の割合は37.4％であり、農村は高齢者の住む地域となっている。こうした傾向は、農業就業人口や基幹的農業従事者数でみれば、より一層顕著であり、2014年の65歳以上の高齢者割合は、農業就業人口63.7％、基幹的農業従事者数62.9％であり、農業労働力の6割強は65歳以上の高齢者によって担われている。

表2-5　日本の農家人口・農業就業人口・基幹的農業従事者数の推移

		1960年	1970年	1980年	1990年	2000年	2005年	2010年
農家人口		34,411	26,282	21,366	13,878	10,467	8,370	6,503
	65歳以上	2,835 (8.2)	3,082 (11.7)	3,330 (15.6)	2,709 (19.5)	2,936 (28.0)	2,646 (31.6)	2,231 (34.3)
農業就業人口		14,542	10,252	6,973	4,819	3,891	3,353	2,606
	65歳以上	− (−)	1,823 (17.8)	1,711 (24.5)	1,597 (33.1)	2,058 (52.9)	1,951 (58.2)	1,605 (61.6)
基幹的農業従業者数		11,750	7,048	4,128	2,927	2,400	2,241	2,051
	65歳以上	− (−)	829 (11.8)	688 (16.7)	783 (26.8)	1,228 (51.2)	1,287 (57.4)	1,253 (61.1)

（資料）農林水産省「農林業センサス」、「農業構造動態調査」。同省編『2015年版 食料・農村白書』

（２）家族農業経営の動向

　農業経営をめぐる経営環境が厳しいなかで、販売農家が減少している。2005年から2010年における販売農家の減少率の大きい部門は、小麦61.9％、大豆54.2％、イモ類40.3％、露地花卉37.6％、豚32.2％、採卵鶏32.1％等であり、全体的としても１割以上の農家が販売農家から消えている。

　家族農業経営の継続が困難な状況において、新規就農者の動向は注目される。

　しかし、新規就農者はさまざまな困難を抱えており、新規参入者が参入後１〜２年目に経営面で困っていることは、「所得が少ない」30.8％、「技術の未熟さ」20.1％、「設備投資金の不足」13.3％、「運転資金の不足」7.9％、「農地が集まらない」7.5％、「販売が思うようにいかない」4.0％、「労働力不足」3.8％、「栽培計画・段取りがうまくいかない」3.1％、「その他」9.4％となっている[3]。新規就農者を増やすためには、所得の増加、技術指導、経営資金の確保が重要な施策課題といえる。2012年度からは、「青年就農給付金」が開始され、原則として45歳未満の独立・自営の新規就農者を対象にして、年間150万円給付される制度が創設された。

---

(３) 全国農業会議所「新規就農（新規参入者）の就農実態に関する調査結果」(2010年11月実施)。

第2章 日本の食料生産の現状と担い手

(単位:1000人、カッコ内%)

2011年	2012年	2013年	2014年
6,163	5,865	5,624	5,388
2,126 (34.5)	2,059 (35.1)	2,033 (36.1)	2,016 (37.4)
2,601	2,514	2,390	2,266
1,577 (60.6)	1,516 (60.3)	1,478 (61.8)	1,443 (63.7)
1,862	1,778	1,742	1,679
1,101 (59.1)	1,060 (59.6)	1,067 (61.3)	1,056 (62.9)

参考統計表』より作成。

(3) 農業の法人化

農業生産法人の動向について、みてみよう(図2-5参照)。

総数でみれば、1985年には3,168法人数であったが、農地法改正も関係して1995年頃からは増加傾向を強めており、2010年で11,829法人数となっている。

業種別にみれば、2010年で、米麦作4,053法人数(総数に占める割合34.3%)、果樹865法人数(同7.3%)、畜産2,477法人数(同20.9%)、野菜1,838法人数(同15.5%)、その他2,596法人数(同21.9%)となっており、畜産と米麦作とで過半数となっている。近年の法人化の伸びに着目すれば、米

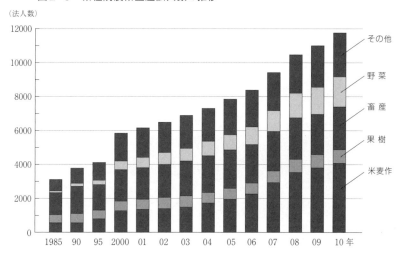

図2-5 業種別農業生産法人数の推移

(注) 業種別区分は粗収益50%以上の作目による。「その他」はいずれの作目も50%に満たないもの。
(資料) 農林水産省調べ。同省編『2011年版 食料・農村白書 参考統計表』より。

麦作と野菜において一定の進展を指摘できる。

(4) 地域農業の担い手

　農業の高齢化が進行すると同時に、農業の担い手確保が困難な状況となっており、一定の地域における農家が農作業の一部や全部を共同化して、地域の農業生産を維持する方式として、集落営農が水稲農業を中心として展開している。

　2003年に特定農業団体制度が創設され、法人化を計画する一定の要件を満たす集落営農については新たな担い手と位置づけられ、2004年8月現在、全国で120団体が認定されている。また、特定農業法人は、2004年8月現在で、全国で226経営体が認定されている。各地域における集落営農組織の法人化の実態を踏まえて、小規模農家や兼業農家を含めた集落営農の育成・維持との整合化が大きな課題である。

むすびに

　地域農業の担い手は、各地域において多様に展開されているため、地域実態を踏まえて考えることが重要である。その際には、現在、経営の厳しい家族農業経営[4]の維持・継続を第一に考えて、新しい地域農業の担い手を創出することが求められる。

　また、都市と農村の共生は大事な視点である。1980年以降の世界的な国際化の流れによって、農業においても国際化が進展しており、世界各地の農業は国際的競争にさらされている。こうした状況において、農業は、農業内部の生産力競争の強化だけでは存続できなくなっており、国民的理解の下で農業生産構造の展開を図ることが必要となっている。そして、その際には都市と農村の共生を追求することが求められている。

（4）2013年11月22日、国連は飢餓の根絶と天然資源の保全において、家族農業が大きな可能性を有していることを強調するため、2014年を国際家族農業年（International Year of Family Farming 2014）として定めた。

(参考文献)

田代洋一『地域農業の担い手群像』(農山漁村文化協会、2011年)

新井聡『集落営農の再編と水田農業の担い手』(筑波書房、2011年)

八木宏典監修『知識ゼロからの現代農業入門』(家の光協会、2013年)

八木宏典監修『最新世界の農業と食料問題のすべてがわかる』(ナツメ社、2013年)

鈴木宣弘・木下順子『ここが間違っている! 日本の農業問題』(家の光協会、2013年)

生源寺眞一『農業と人間－食と農の未来を考える』(岩波書店、2013年)

国連世界食料保障委員会専門家ハイレベル・パネル『家族農業が世界の未来を拓く』(農山漁村文化協会、2014年)

第3章 食生活の変化と現代日本の食生活

樫原正澄

はじめに

本章では、まずは、第2次世界大戦後に大きく変化した日本の食生活の特徴について、食生活の欧米化、加工・冷凍食品の普及、外食・中食産業の発展に関して述べる。それを踏まえて、現代の食生活の課題について考え、現代の食生活のあり方を考察する。

1 日本の食生活の欧米化

(1) 食生活の変化

第2次世界大戦以降、日本の食生活は大きく変化してきた。とりわけ、高度経済成長期に「食の高度化」が引き起こされ、食生活の欧米化が進んできた。食生活の欧米化とは、穀物消費中心の「アジア型食生活」から、食肉消費の多い「欧米型食生活」への転換のことである。日本の場合には、米を中心として、野菜・魚介類を中心とする消費から、所得の増大によって、高価な食肉（牛・豚・鶏）・果実等の消費が拡大した（**図3-1参照**）。

米・イモ類の消費に関しては、1960年以降、大幅に減少している。1人1年当たりの供給純食料についてみれば、米は、1960年114.9kgから急減して、1980年には78.9kgとなり、1960年の0.69倍となっている。その後も減少を続け、2010年には60kgを割り込み59.5kgとなっており、1960年の0.52倍と半分の消費量に落ち込んでいる。イモ類についても同様に、1960年30.5kg

から、1970年には16.1kgと10年間で半減している。その後、1990年代には20kg台に回復したが、2010年で18.6kgとなっており、1960年の0.61倍に低減している。なお、野菜に関しては、1960年99.7kgから、1970年には115.4kgと増大したが、その後は減少傾向となっており、2010年には88.1kgとなっており、1960年の0.88倍と1割強の減少となっている。

これに対して、消費が増大したのは、小麦、果実、肉類、鶏卵、牛乳・乳製品、砂糖類、油脂類である。

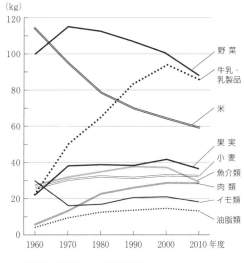

図3-1　国民1人1年当たり供給純食料の推移

(資料）農林水産省「食料需給表」より。

小麦は1960年25.8kgから漸増して、2010年には32.7kgとなり、1960年の1.27倍と約3割の増加である。

果実は1960年22.4kgから急増して、2000年には41.5kgとなっている。その後は若干減少しており、2010年で36.6kgとなっており、1960年の1.63倍となっている。

肉類は1960年5.2kgから急増して、1980年には22.5kgで1960年の4.33倍に増加している。その後も増加を続け2010年には29.1kgとなり、1960年の5.60倍となっている。畜種別にみると、牛肉は1960年1.1kgから2010年には5.9kgとなり、1960年の5.36倍となっている。豚肉は1960年1.1kgから2010年には11.7kgとなり、1960年の10.64倍となっている。鶏肉は1960年0.8kgから2010年には11.3kgとなり、1960年の14.13倍となっている。

鶏卵については1960年6.3kgから急増して、2010年には16.5kgとなり、1960年の2.62倍となっている。牛乳・乳製品は1960年22.2kgから急増して、2000年で94.2kgとなり、その後は微減して、2010年には86.4kgとなってお

り、1960年の3.89倍となっている。

砂糖類は1960年15.1kgから急増して、1970年には26.9kgとなり、その後は漸減傾向であり、2010年には18.9kgとなり、1960年の1.25倍となっている。油脂類は1960年4.3kgから急増して、2010年で15.1kgとなり、その後は微減となり、2010年には13.5kgとなり、1960年の3.14倍となっている。

続いて、魚介類の消費をみれば、1960年27.8kgから増大して、1990年で37.5kgとなり、その後は漸減傾向で推移して、2010年には29.4kgとなり、1960年の1.06倍と停滞的である。

（2）日本の食料消費支出

食料消費支出の推移について、みておこう（**図3-2参照**）。

消費支出は1965年4万8,396円から上昇を続け、1995年で32万9,062円となり、その後は漸減的に推移しており、2014年には29万1,194円となっている。これに対して、食料消費支出は1965年1万8,454円から上昇して、1990年で7万8,956円となり、その後は漸減的に推移しており、2014年には6万9,926円となっている。そうしたなかで、エンゲル係数は1965年38.1から低下傾向となり、2014年には24.0となっている。

品目別の変化の特徴をみれば、米の消費支出は1980年代半ば以降において減少傾向となっており、2014年には1,995円となっている。魚介類については、1990年代に入り減少傾向であり、いわゆる「魚ばなれ」現象となっていて、2014年には6,250円となっている。肉類は1990年代に入り減少傾向となっている。これは1991年の牛肉輸入自由化等の影響もあり、価格低下の結果と考えられ、2014年には6,921円となっている。生鮮野菜は1960年1,426円から、1990年で6,630円と上昇し、その後は6,000円台を割り込む水準まで低下して、2014年には5,606円となっている。

調理食品は1960年570円であったが、その後急上昇しており、2014年には8,674円となっている。外食は1965年1,226円から上昇して、2014年には1万1,777円となっており、食料費支出の16.8％を占めており、大きなウェイトを占めている。

このようにみてくると、日本の食生活の従来の特徴であった、生鮮・素材を

図3-2　食料消費支出の推移

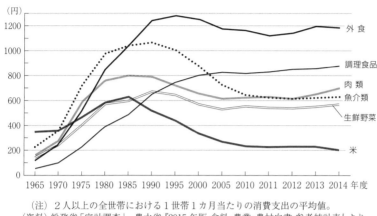

（注）2人以上の全世帯における1世帯1カ月当たりの消費支出の平均値。
（資料）総務省「家計調査」。農水省『2015年版 食料・農業・農村白書 参考統計表』より。

重視した食生活から、簡便な食生活への変化が生じており、食の外部化が大きく進展したといえる。

2　加工・冷凍食品の普及と食生活

（1）加工食品の普及

　日本の食生活は、生鮮食品中心から、加工食品・外食を中心とするように変化してきた（表3-1参照）。

　食料費支出割合について、「二人以上の世帯」でみれば、1990年生鮮食品37.8％、加工食品45.8％、外食16.4％であり、その後も加工食品・外食の割合は増えて、2015年には生鮮食品29.2％、加工食品53.7％、外食17.0％となっている。将来的にも、加工食品ならびに外食の割合は増えると予測されている。「単身世帯」についてみれば、現在、外食の割合は高くなっているが、将来的には加工食品の割合は増大すると予測されている。また、「全世帯」についても同様の傾向にあり、加工食品の割合は増大すると予測されている。すなわち、現状では加工食品の割合が増えていて過半を超える状態にある。しかもこの状態がより強まると予測されているのである。今後の食生活は、加工食

I　日本の食生活の変容と現代の食生活

表3-1　食料消費支出割合の推移

(単位：%)

	二人以上の世帯			単身世帯			全世帯		
	生鮮食品	加工食品	外　食	生鮮食品	加工食品	外　食	生鮮食品	加工食品	外　食
1990	37.8	45.8	16.4	16.8	28.6	54.6	34.4	43.0	22.6
1995	37.0	46.5	16.6	17.2	34.7	48.2	33.5	44.4	22.1
2000	35.2	47.9	16.8	16.8	37.8	45.5	31.6	45.9	22.5
2005	32.7	50.6	16.7	16.6	41.5	41.9	29.2	48.7	22.1
2010	31.0	52.2	16.8	17.4	44.8	37.9	27.8	50.5	21.7
2015	39.2	53.7	17.0	16.8	48.3	35.0	26.2	52.4	21.4
2020	27.7	54.8	17.5	16.0	51.6	32.5	24.7	54.0	21.3
2025	26.2	55.9	17.9	15.1	54.7	30.2	23.2	55.6	21.2
2030	24.7	57.0	18.3	14.2	57.9	27.8	21.8	57.3	21.0
2035	23.3	58.0	18.8	13.3	61.1	25.6	20.4	58.9	20.7

（注）1）2015年以降は推計値。2）外食は、一般外食と学校給食の合計。生鮮食品は、米、生鮮魚介、生鮮肉、牛乳、卵、生鮮野菜、生鮮果実の合計。加工食品はそれ以外。
（資料）農林水産政策研究所「人口減少局面における食料消費の将来推計」。農林水産省編『2015年版 食料・農業・農村白書 参考統計表』より作成。

品によって賄われる状況となるといえるであろう。

（2）冷凍食品の普及

　冷凍食品生産量の推移についてみれば、次のとおりである（図3-3参照）。

　2014年における冷凍食品生産量は154万トンであり、そのうち85.9％は調理食品である。調理食品は1970年代以降に急増し、食の簡便化の広がりに歩調を合わせて消費者に受け入れられるところとなった。

　2014年における冷凍食品生産量は154万トンであり、そのうち85.9％は調理食品である。調理食品は1970年代以降に急増し、食の簡便化の広がりに歩調を合わせて消費者に受け入れられるところとなった。

　冷凍食品生産量は、1958年1,591トンであり、そのうち調理食品は1,327トン（冷凍食品生産量に占める割合は83.4％）であった。その後、冷凍食品生産量は増大し、1970年には14万トンとなり、そのうち調理食品は6万トン（同45.0％）であり、それ以外には水産物3万トン（同22.5％）、農産物4万トン（同25.0％）等であった。その後も冷凍食品生産量は増加し、1980年には56万トンとなり、そのうち調理食品は40万トン（同71.6％）であり、そ

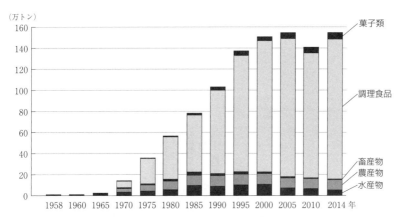

図3-3 冷凍食品生産量の推移

（資料）「日本冷凍食品協会資料」（http://www.reishokukyo.or.jp/statistic/ quantity-item/ 2015年9月25日閲覧）。

れ以外には水産物5万トン（同9.5％）、農産物8万トン（同14.9％）等であった。1990年には冷凍食品生産量は103万トンとなり、調理食品は79万トン（同76.9％）であり、それ以外には水産物9万トン（同8.4％）、農産物10万トン（同10.1％）等であった。2000年には冷凍食品生産量は150万トンとなり、調理食品は123万トン（同82.4％）であり、それ以外には水産物10万トン（同6.9％）、農産物9万トン（同6.3％）等であった。2010年には冷凍食品生産量は140万トンとなり、調理食品は118万トン（同84.3％）であり、それ以外には水産物6万トン（同4.4％）、農産物10万トン（同7.0％）等であった。そして、2014年には冷凍食品生産量は154万トンとなり、調理食品は132万トン（同85.9％）であり、それ以外には水産物5万トン（同3.3％）、農産物10万トン（同6.6％）、畜産物0.5トン（同0.3％）、菓子類6万トン（同3.9％）であった。

2014年の冷凍食品生産は、数量は154万トン（対前年比99.1％）、金額は6,760億円（同99.8％）であり、数量は5年ぶり、金額については4年ぶりの減少となった。消費税の増税による家計消費の低迷や、農薬混入事件の食品事件等の影響が考えられる。業務用は93万トン（構成比60.5％）であり、家庭用は61万トン（構成比39.5％）となっており、業務用が6割を占めている。

Ⅰ　日本の食生活の変容と現代の食生活

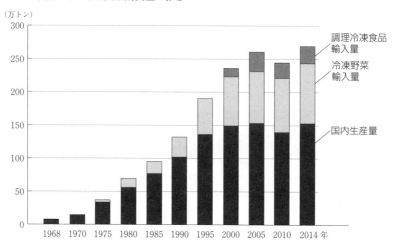

図3-4　冷凍食品消費量の推移

（資料）「日本冷凍食品協会資料」(http://www.reishokukyo.or.jp/statistic/consumption 2015年9月25日閲覧)。

次に、冷凍食品消費量の推移について、みてみよう（図3-4参照）。

2014年の冷凍食品消費量は271万トンであり、そのうち国内生産量は154万トン（消費量に占める割合は56.8％）、冷凍野菜輸入量は91万トン（同33.6％）、調理冷凍食品輸入量26万トン（同9.7％）となっている。

冷凍食品消費量は1970年代以降に増大し、1980年代半ば以降には、円高の影響もあり輸入量が急増する。その後、1997年頃までは国内生産量も増加してきたが、これ以降は停滞的となる。しかし、冷凍食品消費量は引き続き増加しており、その増加分は輸入量によって賄われており、増加傾向となっている。

1997年の冷凍食品消費量は219万トンであり、そのうち国内生産量は148万トン（消費量に占める割合は67.5％）、冷凍野菜輸入量は63万トン（同28.6％）、調理冷凍食品輸入量9万トン（同3.9％）である。2000年の冷凍食品消費量は237万トンであり、そのうち国内生産量は150万トン（消費量に占める割合は63.2％）、冷凍野菜輸入量は74万トン（同31.4％）、調理冷凍食品輸入量13万トン（同5.4％）である。2005年の冷凍食品消費量は262万トンであり、そのうち国内生産量は154万トン（消費量に占める割合は58.8％）、冷凍野菜輸入量は77万トン（同30.0％）、調理冷凍食品輸入量29万トン（同

11.1％）である。2010年の冷凍食品消費量は246万トンであり、そのうち国内生産量は140万トン（消費量に占める割合は57.0％）、冷凍野菜輸入量は83万トン（同33.8％）、調理冷凍食品輸入量23万トン（同9.3％）である。

　このように冷凍食品消費量に占める輸入量の割合は増大しており、1968年には1.4％であったが、1970年代半ばには10％台となり、1980年には20.0％となり、その後も若干の変動はあるものの増大傾向を維持しており、1990年代後半以降には30％台となり、2004年からは40％台となっており、2014年では43.2％となっている。

　また、国民1人当たりの冷凍食品消費量は増大しており、1968年には0.8kgであったが、1980年代末頃から10kg台となり、その後も増大して、2000年初頭に20kg台となっており、2014年では21.3kgとなっている。

3　外食・中食産業の発展と食生活

（1）外食チェーンの登場

　日本の食生活の変化を考える際には、外食・中食産業の急速な発展について注目する必要がある。日本の伝統的な外食としては、うどん屋、そば屋、寿司屋等の個人営業店が中心であった。しかし、1970年代以降に急速に展開してきたのが外食チェーンであり、統一メニュー、同一価格、同質のサービスを基本とした全国展開を指向している。外食チェーン経営は、セントラルキッチンで調理加工した商品を各店舗に配送して、店舗で加熱調理・盛り付けをして客に提供する方式を採用している[1]。

　外食チェーン経営の業態には、ファミリーレストランとファースト・フードに区分できる。ファミリーレストランの立地は郊外型が多く、多様なメニューを用意している。ファースト・フードの立地は商店街に多くみられ、単品メニューが多く、ハンバーガー、フライドチキン、牛丼等である[2]。

　（1）江尻彰「変わる食生活、その問題点は？」（樫原正澄・江尻彰『今日の食と農を考える』
　　　すいれん舎、2015年、第1章所収）18ページ参照。
　（2）同「「食品関連産業と食料流通を考える」（同上書、第14章所収）176ページ参照。

Ⅰ　日本の食生活の変容と現代の食生活

　大手のファミリーレストランは1970年代に出店しており、1970年にスカイラークが東京・府中市に1号店、1971年にロイヤルホスト、1974年にデニーズが1号店を開店している。ファースト・フードでは、1970年にケンタッキー・フライド・チキン、1971年に日本マクドナルド、1973年には吉野家牛丼チェーン店の1号店を開店している[3]。

　中食産業としては、持ち帰り弁当の「ほっかほっか亭」1号店が1976年に埼玉県草加市で開店している[4]。現在では、中食産業は多様化しており、料理品小売業と考えられる。販売商品としては、コンビニ弁当、スーパーや百貨店等での惣菜・弁当・おにぎりの販売などが消費者に受け入れられており、中食産業は食生活を支える重要な構成要素を形成しているといえる。

（2）外食・中食産業の動向

　外食・中食産業の市場規模について、みておこう（図3-5参照）。

　外食産業は1980年代半ば以降に急速な成長を示してきた。外食産業の市場規模は1985年19兆円であったが、その後、1990年代前半までは急速に拡大し、その後の成長速度は弱まるが拡大傾向は維持して、1997年には29兆円となった。しかしながら、それ以降は生活形態の変化も影響して漸減傾向となり、2012年で23兆円の市場規模となっている。外食産業の内訳としては、「飲食店・宿泊施設・国内線機内食等」が大半であり、2012年でみれば、「飲食店・宿泊施設・国内線機内食等」15兆円（外食産業に占める割合は65.5％）、「学校・事業所・病院・保育所給食」3兆円（同14.5％）、「喫茶・酒場・料亭・バー等」5兆円（同20.0％）となっている。

　近年、成長が著しいのは中食産業であり、1985年以降、一貫して市場規模を拡大してきている。中食産業の市場規模は1985年1.1兆円であったが、1999年には4.8兆円（1985年の4.47倍）となり、その後は拡大速度を緩めるが成長を続けており、2012年で5.9兆円（同5.43倍）となっている。スーパーマーケットにおいて、消費者を確保するための有力な商品として中食があ

（3）江尻彰「食品関連産業と食料流通を考える」（同上書、第14章所収）176～177ページ参照。
（4）　同上、177ページ参照。

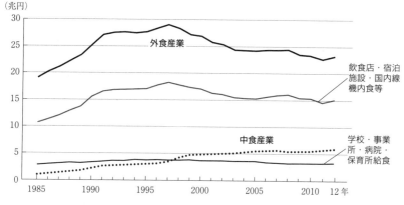

図3-5 外食・中食産業の市場規模の推移

（注）「中食産業」は料理品小売業（弁当給食を除く）の値。
（資料）食の安全・安心財団付属機関外食産業総合調査研究センター調べ。農水省編『2015年版 食料・農業・農村白書 参考統計表』より作成。

り、消費者に歓迎される惣菜・弁当・焼き立てパン・おにぎり等の取り揃えは、スーパーマーケット経営の必須事項となっている。百貨店においても同様であり、「デパ地下」と称されるデパートの地階売場は、食品売場として消費者の集客力を高めている。コンビニエンス・ストアにおいても、おにぎり・弁当・パン・サンドイッチは定番の商品である。

（3）外食・中食産業の展開要因[5]

外食・中食産業が1980年代半ば以降に急速に成長した要因としては、次のことが考えられる。

第1には、家族形態の変化であり、世帯構成が変化したことである。高度経済成長期における主要な世帯は「夫婦と子供世帯」であり、この世帯が消費生活の主役であった。女性は主婦として家事労働に従事し、食材をスーパーマーケット等で購入して、家で調理するというのが一般的な家庭像であった。ところが、1980年代に入り、女性の社会進出、高齢化、単身世帯の増加等により、調理労働は敬遠され、簡便な食生活が好まれることとなる。そのことによって、

---

[5] 江尻彰「変わる食生活、その問題点は？」（同上書、第1章所収）19～20ページ参照。

Ⅰ　日本の食生活の変容と現代の食生活

外食・中食の活用が普及することとなった。

　第2には、日本社会の長労働時間が外食・中食産業を発展させている。20歳代男子では、朝食抜き、昼食は外食・中食ですませ、夕食は21時以降にとり、しかもコンビニ弁当ですます場合もある。「働きすぎ」のため、調理に時間を割くことができないで、外食や中食に頼る結果となっている。

4　日本の食生活のゆくえ

(1) 食生活の栄養バランス

　日本の食生活の変化について、供給熱量でみてみると、1960年は2,291kcalであり、その後は高度経済成長により食生活水準は向上し、供給熱量も増加することとなる。供給熱量は1970年には2,500kcal台となり、その後も増加をして、2000年には2,643kcalとなっている。その後は若干減少気味に推移し、2013年には2,424kcalとなっている。

　食生活において栄養バランスは重要な意味を持っている（図3-6参照）。

　PFC比率とは、P（タンパク質）、F（脂質）、C（糖質）の供給熱量に占める

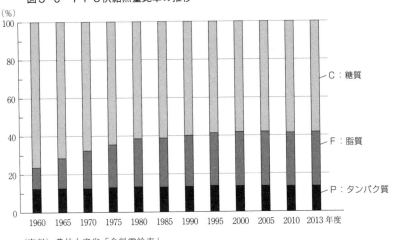

図3-6　PFC供給熱量比率の推移

（資料）農林水産省「食料需給表」。

構成割合を意味している。PFC比率の適正比率は、P13％、F27％、C60％といわれている。日本人の食生活の変化に伴って、PFC比率は推移しており、1960年にはP12.2％、F11.4％、C76.4％であり、Cが適正比率より多かったが、その後、改善され、1980年代には理想的な栄養バランスとなり、1980年にはP13.0％、F25.5％、C61.5％となっている。しかしその後はF摂取が多くなり、1990年代に入り、F摂取過多の傾向となっており、2013年にはP13.0％、F28.6％、C58.4％となっている。

日本の食生活の欧米型食生活への変化によって、栄養バランスは適正比率から崩れており、畜産物・肉類消費の増大によって、脂質の取り過ぎが「メタボリックシンドローム」という現象を生み出している。

(2) 変わる食生活

日本人の食生活の変化について、飲食費の帰属額からみてみよう（図3-7参照）。

まず、飲食費の推移についてみれば、1980年48兆円、その後、1990年代半ば頃まで増加して、1995年には82兆円（1980年の1.71倍）となっている。その後は、飲食費は低下傾向にあり、2005年には73兆円（同1.53倍）となっている。1990年代半ば以降は、飲食費の低下傾向が確認できる。

続いて、飲食費の帰属額についてみれば、農林水産物の割合が低下している。金額でみても1980年代半ば以降には低下傾向がみられる。これに対して、輸入加工品、食品製造業、外食産

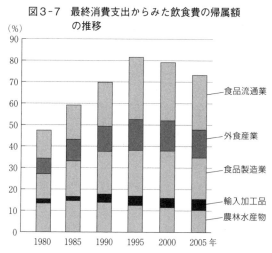

図3-7　最終消費支出からみた飲食費の帰属額の推移

（資料）「産業連関表」を基に農水省で試算。同省編『2015年版 食料・農業・農村白書 参考統計表』より。

I　日本の食生活の変容と現代の食生活

表3-2　日本の輸入食品の届出・検査・違反状況の推移

	A.届出件数	B.輸入重量(千トン)	C.検査総数	C/A	D.行政検査	D/A	E.登録検査機関検査	E/A
1965年	94,986	12,765			5,574	5.9		
1975年	246,507	20,775			21,461	8.7		
1981年	346,711	23,057	39,026	11.3	20,887	6.0	20,528	5.9
1985年	384,728	22,665	39,817	10.3	14,892	3.9	26,054	6.8
1990年	678,965	21,731	119,345	17.6	25,091	3.7	59,063	8.7
1995年	1,052,030	28,268	141,128	13.4	60,787	5.8	74,634	7.1
2000年	1,550,925	30,034	112,281	7.2	52,244	3.4	63,789	4.1
2005年	1,864,412	33,782	189,362	10.2	66,147	3.5	125,083	6.7
2010年	2,001,020	31,802	247,047	12.3	57,359	2.9	195,954	9.8

(資料) 厚生労働省医薬食品局食品安全部「2010年度 輸入食品監視統計」2010年9月。

業、食品流通業はいずれもその割合を増加している。2005年における飲食の帰属額は、合計73兆円、農林水産物11兆円（構成割合は14.5％）、輸入加工品5兆円（同7.1％）、食品製造業19兆円（同26.1％）、外食産業13兆円（同17.9％）、食品流通業25兆円（同34.4％）となっている。

この数字に示されているとおり、飲食費の多くは食品流通業に帰属しており、生鮮農産物の購入が減っており、加工品や調理済み食品に依存する食生活の姿が浮かび上がってくる。

(3) 輸入食品と食の安全性

日本における輸入食品の届出・検査・違反状況の推移について、みてみよう（表3-2参照）。

届出件数は、1965年の9万件から増加しており、1980年代には30万件を超え、1995年からは100万件を超えて、2010年には200万件となっている。輸入重量も同様に増加傾向となっており、2000年以降は3,000万トン台で推移している。輸入食品の増加に伴って検査総数の増加がみられ、1981年の4万件から、1990年には12万件と3倍に増え、その後も増加傾向であり、2010年には25万件となっている。しかしながら、検査割合は約10％台で大きな変化みられない。検査機関別にみれば、行政検査の割合は低下傾向であり、

2010年の検査率は2.9%である。これに対して、登録検査機関検査の割合は増加しており、2010年の検査率は9.8%であり、行政検査の3.4倍の検査を担っている。輸入食品が増加しているなかで、輸入食品検査の規制緩和、民間委託が推進されてきた結果、登録検査機関の検査率は上昇してきたのである。違反件数は1,000件前後で大きな変化はみられない。違反率についても近年は0.1%で大きな変化はみられないが、検査率自体が低いため、違反件数ならびに違反率の低さに関して、正当な評価を下すことは困難である。

(単位:件、千トン、%)

F. 輸出国公的検査機関検査	F/A	G. 違反件数	G/A
		679	0.7
		1,634	0.7
		964	0.3
1,904	0.5	308	0.1
47,674	7.0	993	0.1
19,760	1.9	948	0.1
3,796	0.2	1,037	0.1
7,919	0.4	935	0.1
6,200	0.3	1,376	0.1

いずれにしても、輸入食品の増加という事態において、食の安全・安心を確保するためには、水際でのしっかりとした検査体制の構築が望まれるところである。

むすびに

第2次大戦後の日本人の食生活は、生鮮食品を中心とする消費から、加工食品・外食に依存する食生活へと大きく変化してきた。食の高度化と共に、食の簡便化が進行した。他方では、輸入食品は増大しており、食の安全への危惧が増えている。

日本の食生活を、豊かで安全なものにしようとすれば、第一に国内農業の正常な維持を図らなければならない。そして、輸入食品に関しては、国民の健康を第一に考えて、安全・安心の確保に努めることが大事となってきているといえるであろう。

I　日本の食生活の変容と現代の食生活

(参考文献)
日本フードスペシャル協会編『新版 食品の消費と流通』(建帛社、2000年)
鈴木猛夫『「アメリカ小麦戦略」と日本人の食生活』(藤原書店、2003年)
大塚茂・松原豊彦編『現代の食とアグリビジネス』(有斐閣選書、2004年)
マリオン・ネッスル『フード・ポリティスク――肥満社会と食品産業』(新曜社、2005年)
伊藤恭彦・小栗崇資・早川治・梅枝裕一『食の人権――安全な食を実現するフードシステムとは』(リベルタス出版、2010年)
時子山ひろみ・荏開津典生『フードシステムの経済学』(医歯薬出版、2013年)
斎藤修・佐藤和憲編集担当『フードチェーンと地域再生』(フードシステム学叢書第4巻) (農林統計協会、2014年)

II

現代日本の食料流通と環境問題

第4章　食品流通の再編動向

樫原正澄

はじめに

　本章では、1980年代以降の規制緩和の流れのなかで、国民の食生活を支える食品流通構造の再編動向について述べることにしたい。

　規制緩和における民営化・市場化は、重要な経済改革手法であり、食品流通業においても、企業合併等によって、大規模化が進められている。そして、グローバル化の進展により、経済社会の「国際標準化」は推進されており、国際競争力の強化が経済活動に強く求められており、グローバル化対応は食品流通業にとっても大きな課題となっている。

　また、日本社会の現代的特性である、高齢化、少子化、人口減少という社会的環境の変化を踏まえて、食品流通の再編について考察することが必要となっている。

　まず第1に、食品産業[1]のうち食品製造業を中心として、その動向について述べる。第2には、食品卸売市場の変貌について卸売市場制度改正を通して考察する。第3として、食品小売市場の再編を考察する。第4には、食品消費の側面から食品流通業の再編について考える。

（1）「食品産業」とは、本章においては食品製造業、食品流通業、外食産業を指している。本章の課題としては、主として、食品流通業に焦点を当てることとする。

1 食品製造業の動向

(1) 農業・食料関連産業の国内総生産

農業・食料関連産業の国内総生産の推移についてみよう（図4-1参照）。

農業・食料関連産業の国内総生産は、1970年度には11.5兆円であったが、その後急速に拡大して、1995年度には56.7兆円（全経済活動に占める割合は11.2%）となった。しかし、その後は漸減傾向となり、2012年度には42.8兆円（同9.0%）となっている。低下したとはいっても、生産額は全経済活動の9.0%を占めており、経済活動において重要な役割を果たしている。

農業・食料関連産業について、業種別にみれば、農林水産業としては1970年度の4.0兆円から増加傾向を示し、1990年度には9.6兆円となっている。しかしその後は、漸減傾向にあり、2012年度には5.2兆円（1990年度の0.54倍）となっており、ピーク時から半減している。これに対して、関連製造業（食品

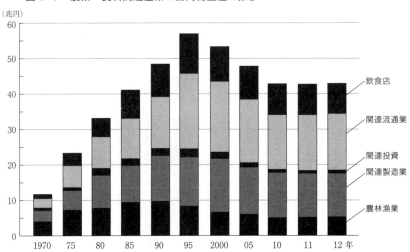

図4-1 農業・食料関連産業の国内総生産の推移

（資料）農林水産省「農業・食料関連産業の経済計算」、内閣府「国民経済計算」。
農林水産省編『2015年版 食料・農村白書 参考統計表』より。

Ⅱ 現代の食料流通と環境問題

工業、資材供給産業）は増加傾向にあり、1970年度3.4兆円から2012年度には12.3兆円へと成長している。関連流通業においては、1970年度の2.9兆円から急速に拡大して1995年度には21.4兆円となり、その後は漸減傾向となるが、2000年代に入り、回復傾向を示しており、2012年度で16.0兆円となっている。飲食店については、1970年度の0.9兆円から急速に拡大して、1995年度には10.8兆円となるが、その後は漸減的に推移しており、2012年度で8.4兆円となっている。

このようにみてくると、農業・食料関連産業の総生産は、1990年代半ば以降、低下傾向にあり、農業生産ならびに流通業界の厳しさを示しているといえるであろう。

（2）食品製造業の動向

食品製造業の事業所数の推移について、みてみよう（図4-2参照）。

食品製造業の事業所数は2000年以降、減少傾向にあり、事業所の統合再編が進行している。2000年には3万9,395事業所があったが、2012年には2万8,852事業所（2000年に比べて10,543事業所の減少、減少率26.8％）となっている。1,000事業所以上減少している業種は、水産食料品製造業2,996事業所の減、パン・菓子製造業1,895事業所の減、その他の食料品製造業4,158事業所の減となっており、事業所の再編が激しいことを示し

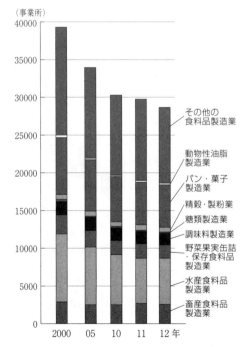

図4-2 食品製造業の事業所数の推移

（資料）経済産業省「工業統計表」。農水省編『2015年版 食料・農業・農村白書 参考統計表』より。

ている。

　食品製造業の出荷額の推移について、みてみよう（図4-3参照）。

　食品製造業の出荷額は2000年には23.4兆円であったが、若干減少気味に推移して、2005年には22.7兆円となっている。その後は少し回復傾向となっており、2012年で24.3兆円となっている。2000年以降の業種別の変化をみれば、畜産食料品製造業では2000年4.8兆円から、2012年には5.1兆円（増加率5.8％）と微増している。水産食料品製造業では、2000年3.8兆円から、2012年には3.0兆円（減少率21.7％）へと減少している。野菜缶詰・果実缶詰・農産保存食料品製造業では、2000年9.7兆円から、2012年には7.8兆円（減少率19.4％）へと減少している。調味料製造業では、2000年1.9兆円から、2012年には1.8兆円（減少率6.0％）へと減少している。糖類製造業では、2000年0.5兆円から、2012年には0.5兆円（減少率8.1％）へと減少している。精穀・製粉業では、2000年1.3兆円から、2012年には1.3兆円（減少率1.5％）へと減少している。パン・菓子製造業では、2000年4.1兆円から、2012年には4.6兆円（増加率12.4％）へと増加している。動植物油脂製造業では、2000年0.7兆円から、2012年には0.9兆円（増加率30.0％）へと増加している。その他の食料品製造業では、2000年5.8兆円から、2012年には6.4兆円（増加率10.8％）へと増加している。

　食品製造業全体としては、

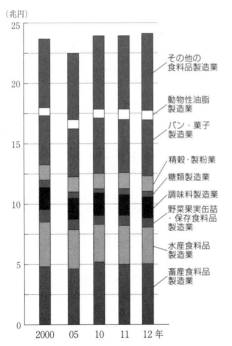

図4-3　食品製造業の出荷額の推移

（資料）経済産業省「工業統計表」。農水省編『2015年版 食料・農業・農村白書 参考統計表』より。

2010年代に入り、堅調に推移しているといえる。しかし、業種別にみれば、出荷額を減少させている業界もあり、食品製造業は解決すべき課題を抱えているといえる。

（3）食品製造業の対応

流通環境が厳しさを増すなかで、食品産業は生き残りをかけて多様な展開を模索している。

食品製造業においては、グローバル化への対応は大きな課題である。高齢化、少子化、人口減少の進展によって、日本国内の食料市場の縮小は予想されるところであり、食品産業としては海外事業展開の推進が考えられるが、現実的には多くの課題があり、困難を伴っている。それと同時に、2000年以降のFTA（自由貿易協定）、EPA（経済連携協定）の進展によって、グローバル化の影響はより強まってきている。

2　食品卸売業の変貌と食品流通

（1）食品卸売業の商業販売額

食品卸売業の商業販売額の推移について見てみよう（図4-4参照）。

農畜産物・水産物卸売業における商業販売額は、1985年54.1兆円であり、その後増加して、1990年には61.1兆円（増加率13.0％）となる。しかしその後は低下傾向が続いており、2014年には22.5兆円（1990年の0.37倍）となっており、大幅な減少となっている。

食料・飲料卸売業における商業販売額は、1985年36.6兆円であり、その後増加傾向にあり、1998年には48.5兆円（増加率32.6％）となる。その後は減少傾向となるが、2000年代に入り、少し漸増傾向となっており、2014年で42.6兆円（1998年の0.88倍）となっている。

農畜産物・水産物卸売業は1990年初頭以降、厳しい経営環境にあるといえる。これに対して、食料・飲料卸売業においても1990年代前半以降には厳しい経営環境にあったが、2000年代に入り、統計的には改善の兆しが感じられ

第4章　食品流通の再編動向

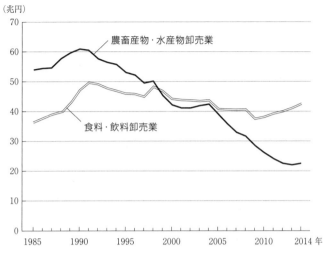

図4-4　食品卸売業の商業販売額の推移

（資料）経済産業省「商業動態統計調査」。農林水産省編『2015年 食料・農業・農村白書 参考統計表』より作成。

るようになっている。

（2）卸売市場の変転と卸売市場制度の改変

　日本における生鮮農産物は、卸売市場流通を主要な流通経路としている。1923年の中央卸売市場法制定以来、大都市消費地の中央卸売市場は生鮮農産物の集配機関として、都市消費者の食生活を支えてきている。

　卸売市場制度は、社会環境の変化に伴って改変されてきた[2]。卸売市場制度改正の背景には、次の2点がある。

　第1には、大量流通路線の展開がある。青果物流通において、高度経済成長期に大量生産・大量流通の流通構造を形成してきた。この大量流通路線に適合して、機能するために卸売市場制度の改革が実施された。

　第2には、輸入農産物の増加がある。1960年以降の日本経済の開放経済体

---

[2] 卸売市場制度改革については、樫原正澄「卸売市場はどうなっているか？」（樫原正澄・江尻彰『今日の食と農を考える』すいれん舎、2015年、第16章所収）を参照のこと。

Ⅱ　現代の食料流通と環境問題

制への移行によって、農産物の輸入は大幅に増大し、輸入自由化は進展してきた。輸入農産物への対応が卸売市場にも求められており、そのための卸売市場制度改革が実行された。

（3）グローバル化と卸売市場の対応[3]

　1960年以降の日本の開放経済体制への移行によって、農産物輸入は増大し、農産物輸入自由化は急速に進展した。1985年のG5・プラザ合意以降には、これまでの端境期に輸入する構造から、円高差益を利用して農産物を輸入する構造に転換してきた。生鮮農産物を含めて、その輸入数量は急増しており、円高効果を利用した売買差益の獲得を目的として、農産物輸入は構造化している。他方では、国内産地の生産力構造の脆弱化（農業就業者の高齢化、農業後継者不足等）のために、国際的な産地移動が引き起こされており、卸売市場の役割は相対的に低下する結果となっている。野菜について述べれば、従来は国内自給が基本であり、その自給率は1985年度で95％であったが、1985年以降の野菜輸入の急増によって、生鮮野菜を含めた野菜輸入は構造化しており、2002年度で83％に低下している。

　こうしたなかで、卸売市場経由率[4]は低下傾向にある（**図4-5参照**）。

　卸売市場経由率について青果物でみれば、1989年には82.7％と高い卸売市場経由率であったが、青果物の輸入増大とも関連して、低下傾向となっており、2011年では60.0％であり、22.7ポイントの低下となっている。青果物のうち、野菜と果実ではその動きは相違している。野菜については、1989年には85.3％であり、比較的高い値であり、その後は低下傾向となって、2011年には70.2％となり、15.1ポイントの低下となっている。果実については、1989年には78.0％であり、その商品特性から低い値となっているが、これ以降は

　（3）グローバル化への卸売市場の対応については、樫原正澄「青果物流通はどうなっているか？」（同上書、第18章所収）を参照のこと。
　（4）「卸売市場経由率」とは、国内で流通した加工品を含む国産及び輸入の青果、水産物等のうち、卸売市場（水産物については、いわゆる産地市場の取扱量は除く）を経由したものの数量割合（花卉については金額割合）の推計値を指している。
　（5）近年の食品事件については、樫原正澄「食の安全・安心と農産物流通を考える」（樫原正澄・江尻彰、前掲書、第21章所収）を参照のこと。

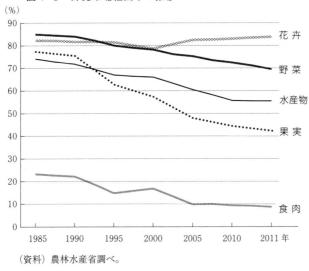

図4-5 卸売市場経由率の推移

(資料)農林水産省調べ。

果実輸入の増大と関連して低下傾向が続き、2011年には42.9％となり、35.1ポイントと大きな低下となっている。

　水産物についてみれば、1989年には74.6％であり、その後は低下傾向となって、2011年には55.7％となり、18.9ポイントの低下となっている。花卉についてみれば、1989年には83.0％であり、比較的高い値であり、その後は変動しながらも、2011年には84.4％となり、1.4ポイントの上昇となっている。食肉についてみれば、1989年には23.5％であり、商品特性上低い値であり、その後も低下傾向となって、2011年には9.4％となり、14.1ポイントの低下となっている。

　このように、卸売市場経由率の変化に関しては、品目によって相違してはいるが、全体としてみれば、輸入生鮮農産物の大半は卸売市場以外の流通経路を通じて消費者に届けられているということであり、卸売市場流通における輸入青果物の取扱量を増やすことが課題である。

（4）食の安全・安心と食品安全行政

　食の商品化に伴って食品事件は発生しており、近年は頻発状況にある[5]。

Ⅱ　現代の食料流通と環境問題

　食をめぐる事件は、2000年以降だけを取り上げても、「雪印乳業」大阪工場による低脂肪乳食中毒事件（2000年）、国産1頭目のBSE（牛海綿状脳症、Bovine Spongiform Encephalopathy）罹病牛の発見（2001年）、輸入牛肉の国産偽装による補助金不正受給事件、輸入農産物からの基準値を超えた残留農薬の検出事件（以上2002年）、アメリカでのBSE罹病牛の発生（2003年）、高病原性鳥インフルエンザの発生（2004年）、食品メーカーによる食品表示の不正事件（2006年）、ミートホープ、不二家、船場吉兆、赤福、マクドナルド、白い恋人（石屋製菓）、比内地鶏等の食品関連不正事件の連日報道（2007年）、中国製冷凍ギョーザ中毒事件、事故米穀問題の発生、中国産ウナギ原産国表示偽装事件、中国産加工食品メラミン検出事件（以上2008年）、新型豚インフルエンザの発生（2009年）、口蹄疫の発生（2010年）等々がある。
　2000年以降の食品関連事件の頻発に対応するために、食品安全行政は変更された。2002年食品衛生法の一部緊急改正がなされた。2003年には、2001年の国産1頭目のBSE罹病牛の発見を受けて、「食品安全基本法」が制定され、本法により食品安全委員会は発足した。また、食品衛生法の大改正も実施された。2009年には消費者庁が設置されて、消費者委員会が発足した。
　近年、国民の食の安全・安心に対する意識は高まっており、消費者等の原産地表示要求は強くなり、とりわけ、輸入農産物の安全性が問われることとなった。
　1990年代以降の生鮮野菜の輸入増加に伴って、輸入野菜を国産野菜と称して販売する偽装販売をなくすために、1996年6月9日からは輸入農産物5品目（ブロッコリ、サトイモ、ニンニク、根ショウガ、生シイタケ）の原産国表示は開始された。1998年2月には、新たにゴボウ、アスパラガス、サヤエンドウ、タマネギの4品目が追加され、2000年6月には「農林物資の規格化及び品質表示の適正化に関する法律の一部を改正する法律」（改正JAS法）が施行され、同年7月1日から全品目の原産地（国）表示が実施されている。
　有機農産物に関しては、農水省は1992年10月に「有機農産物等に係る青果物等特別表示ガイドライン」を制定し、1996年12月には「有機農産物及び特別栽培農産物に係る表示ガイドライン」を制定したが、指導ガイドラインであるため法的拘束力はなかった。これを改善するために、2000年6月制定の改正JAS法に則って、2001年4月1日から「特別栽培農産物に係る表示ガイ

ドライン」が実施され、登録認定機関（第三者認証機関）による「有機農産物」表示が義務づけられることとなった。

（5）食品流通と資源循環・環境問題

環境問題は国民的課題となっており、1995年「容器包装リサイクル法」（「容器包装に係る分別収集及び再商品化の促進等に関する法律」）、2001年「食品リサイクル法」（「食品循環資源の再生利用等の促進に関する法律」）が制定され、流通関係事業者は食品廃棄物問題に取り組んでいる。

卸売市場においては、生鮮農産物等の残渣の再資源化、ゴミの分別収集等に取り組んでいる。外食産業や小売業者では、食品残渣の飼料化や肥料化に取り組んでおり、各地の自治体や地域においては、家庭から排出される生ゴミを堆肥化し、地元農家に供給して、リサイクルする活動も試みられている。

農産物流通においても資源循環の視点は大事であり、環境にやさしい農産物流通システムの構築しなければならない。

3　食品小売業の変貌と食生活

食品小売業は業種と業態によって区分される。業態区分としては、百貨店、セルフ販売店（スーパーマーケット、コンビニエンスストア）、専門小売店、通信販売店等に区分される。しかし、食品小売業の業態転換によって、商品アイテムの総合化が進められており、業態区分の境界が不分明となってきている。

（1）食品小売業の格差構造

消費者の購買行動は、食料品小売店のあり方に大きな影響を与えており、その特徴は次のとおりである。

第1には、食料品は「最寄品」としての特徴があり、消費者への近接性が小売店立地の際に考慮されることである。

第2には、食料品購入では多頻度・少量購入が主流である。

こうした消費特性を有する食品小売業が大きく変化したのは、業種別の小売

業組織の再編を図った、スーパー・チェーンである[6]。
　1970年代には、スーパー・チェーン業態が大規模小売業において中心的存在となった。全国的には、イオン・グループとセブン＆アイ・ホールディングスの２大グループに集約されてきている。消費者の低価格志向を背景として、大型小売店同士の食料品安売り競争は激化しており、取引交渉力の不均衡が問題となっている[7]。

（２）食品小売業の動向

　飲食料品小売業の業態別食料品販売額の推移について、みてみよう（**表4-1**参照）。

　飲食料品小売業の販売額は、2003年40.8兆円であり、その後は増加基調で推移しており、2013年で44.6兆円であり、対前年比3.6％と微増している。業態別にみると、百貨店については2003年以降減少傾向にあり、2013年で1.9兆円であり、対前年比0.2％のマイナスとなっている。スーパーマーケットは2003年以降増加傾向にあり、2013年で8.7兆円であり、対前年比2.3％と微増である。コンビニエンスストアは年々増加しており、2013年で6.1兆円であり、対前年比5.5％の増加となっている。コンビニエンスストアの商品構成は変化しており、近年では生鮮食料品の品揃えを強化して、消費者の購買要求に応えており、店舗数の拡大がみられる。通信販売も販売額を伸ばしており、食料品小売市場のあり方に変化がみられる。

　食品小売業において業態間の販売額格差がみられ、スーパーマーケット間における食料品の激しい価格競争は継続している。

（３）量販店の卸売市場取引

　量販店は中央卸売市場における重要な販売先であり、卸売市場流通に大きな影響を与えている。

（6）木立真直「食品の流通機構」（日本農業市場学会編『食料・農産物の流通と市場Ⅱ』筑波書房、2010年、第３章所収）48～51ページ、を参照のこと。
（7）鈴木宣弘『食の戦争』（文春新書、2013年）38～40ページを参照のこと。2015年現在、円安の影響のため、輸入原材料は高騰しており、食料品価格の値上げが続いており、消費者の食生活に大きな影響を与えている。

表4-1 飲食料品小売業の業態別飲食料品販売額の推移

	飲食料品小売業の販売額 (億円)				飲食料品販売額の指数 (2010年=100)			
	全体合計	百貨店	スーパー	CVS	全体合計	百貨店	スーパー	CVS
2003年	408,200	22,920	71,892	49,159	97.2	116.4	87.5	95.2
2004年	403,450	22,597	74,282	50,451	96.1	114.7	90.4	97.7
2005年	400,220	22,109	74,336	50,570	95.3	112.3	90.4	98.0
2006年	404,470	21,972	74,714	50,631	96.4	111.6	90.9	98.1
2007年	407,640	21,708	76,961	50,939	97.1	110.2	93.6	98.7
2008年	417,810	21,731	79,826	51,862	99.5	110.3	97.1	100.5
2009年	414,160	20,408	80,298	50,771	98.7	103.6	97.7	98.4
2010年	419,750	19,693	82,209	51,615	100.0	100.0	100.0	100.0
2011年	426,330	19,357	84,576	53,527	101.6	98.3	102.9	103.7
2012年	430,640	19,162	85,353	58,178	102.6	97.3	103.8	112.7
2013年	446,190	19,120	87,349	61,387	106.3	97.1	106.3	118.9

（資料）経済産業省「商業販売統計」。

　国内生鮮野菜の流通についてみてみれば、2006年の国内産生鮮野菜の仕入量は、食品製造業305万トン、食品卸売業2,118万トン、食品小売業720万トン、外食産業128万トンである[8]。仕入先別仕入量割合は、食品製造業は生産者・集出荷団体等からの仕入れが65.1％で最大であり、食品小売業では卸売市場からの仕入れが82.0％、外食産業では食品小売業からの仕入れが43.4％で最大となっている。

　食品小売業における国内産生鮮野菜の卸売市場からの仕入量割合を業態別に示せば、百貨店・総合スーパー91.9％、各種食料品小売業83.3％、野菜小売業78.6％、果実小売業60.2％、コンビニエンスストア92.1％、その他の飲食料品小売業77.7％であり、卸売市場仕入れが大きなウェイトを占めている。総合スーパーならびにコンビニエンスストアにおいては、9割以上を卸売市場に依存している。

（8）数値は、農林水産省統計部『2006年食品流通構造調査（青果物調査）』報告書を利用した。

Ⅱ　現代の食料流通と環境問題

4　食品消費の変貌と食品流通

(1) 勤労者世帯の食品支出

　勤労者世帯の1ヵ月当たりの実収入と食品支出について、みてみよう（**表4-2参照**）。

　勤労者世帯の1ヵ月当たり実収入は1998年の58.9万円から、それ以降は低下傾向にある。2013年には52.4万円で、対前年比1.0％と微増はしているが、1998年の水準には回復していない。

　消費支出については、1993年以降、減少傾向であったが、2012年からは増加に転じており、2013年は31.9万円で、対前年比1.7％の微増となっている。しかしこれも、1993年35.5万円の水準には回復していない。

　食品支出については、消費支出と同様の傾向にあり、2012年以降は増加に転じており、2013年は7.1万円で、対前年比1.6％の微増である。しかしこれも、1993年8.2万円の水準を回復していない。

　食品支出における増加傾向が持続されるかどうかは、今後の景気動向と大いに関係することであるため、簡単に結論はでない。しかし食品流通業にとって

表4-2　勤労者世帯における1ヵ月当たりの実収入と食品支出の推移

（単位：10億円、％）

	実収入	消費支出			エンゲル係数
		合　計	食品支出	食品以外	
1993年	570,545	355,276	82,477	272,799	23.2
1998年	588,916	353,552	80,169	273,383	22.7
2005年	522,629	328,649	70,964	257,685	21.6
2008年	534,235	324,929	71,051	253,878	21.9
2009年	518,226	319,060	70,134	248,926	22.0
2010年	520,692	318,315	69,597	248,718	21.9
2011年	510,149	308,838	68,420	240,418	22.2
2012年	518,506	313,874	69,469	244,405	22.1
2013年	523,589	319,170	70,586	248,584	22.1

（資料）農林水産省「2013年度　食品産業動態調査」より引用。

第4章 食品流通の再編動向

表4-3 飲食費の最終消費額とその内訳

(単位：10億円、カッコ内は％)

	最終消費額			
	全体合計	生鮮品等	加工品	外　食
1990年	70,153　(100.0)	17,051　(24.3)	34,832　(49.7)	18,273　(26.0)
1995年	81,962　(100.0)	17,186　(21.0)	41,881　(51.1)	22,895　(27.9)
2000年	79,507　(100.0)	15,079　(19.0)	41,466　(52.2)	22,963　(28.9)
2005年	73,584　(100.0)	13,515　(18.4)	39,119　(53.2)	20,949　(28.5)

(資料) 農林水産省「2013年度　食品産業動態調査」より作成。

は、食品消費の回復は死活問題であり、消費の回復のための施策が求められる。

(2) 食生活の変化

　飲食費の最終消費額ならびにその内訳について、みてみよう (**表4-3参照**)。
　飲食費の最終消費額は、1990年70.1兆円、1995年82.0兆円であり、その後は減少傾向にあり、2000年79.5兆円、2005年73.6兆円 (2000年比で7.4％減) となっている。2005年の内訳をみれば、生鮮品等13.5兆円 (2000年比で10.4％減)、加工品39.1兆円 (同5.6％減)、外食20.9兆円 (同8.8％減) となっており、生鮮品等の落ち込みが激しい。
　構成比でみれば、1990年は生鮮品等24.3％、加工品49.7％、外食26.0％であり、その後は生鮮品等の割合が低下し、反対に加工品ならびに外食の割合は上昇した。1995年には生鮮品等21.0％、加工品51.1％、外食27.9％となり、2005年では生鮮品等18.4％ (1995年比で2.6ポイント減)、加工品53.2％ (同2.1ポイント増)、外食28.5％ (同0.6ポイント増) となっており、食の外部化は確実に進行している。加工食品は業務用需要だけではなく、家庭消費にも浸透しており、加工食品中心の食生活が一般的となっている。

(3) 食品消費と食品流通の再編

　食料消費は生鮮食品中心から加工品主体へと変化しており、食品製造業ならびに食品流通業は、食の外部化の進行への対応が必要となっている。また、輸入農水産物ならびに輸入加工食品の増加についても、食品流通業の課題となっ

ている。

　食品流通業における小売業の構造は変化しており、コンビニエンスストアの増大がみられ、通信販売の増加傾向がみられる。少子化、高齢化のなかで、地域消費者の食生活の豊かさを維持・確保することが、食品流通業の再編成に求められているのではないだろうか。

むすびに

　食品産業の構造は変化しており、食品製造業の役割は大きくなってきている。しかしながら、勤労者世帯の食品消費支出の低迷状況は基本的に継続しており、消費の拡大策が求められる。

　食品流通業においても同様の傾向にあり、少子化、高齢化のなかで、以下の課題に取り組むことが重要である。

　食品卸売業においては、グローバル化への対応として、地域密着型の経営を志向して、地域生産者と地域消費者との仲介役としての卸売業の役割を発揮することが大事と考えられる。また、食品卸売業の機能と役割について、国民的議論が必要な時期であるといえるかもしれない。

　食品小売業においては地域小売業の淘汰・再編が進行しており、地域の食料品流通のあり方について、地産池消等を含めて、根本的に見直す必要性がある。そのためには、現代的課題を視野に入れて、地域の豊かな食生活の実現を第一義的な課題として、食品流通構造を再編成することが求められている。

（参考文献）

日本農業市場学会編『食料・農産物の流通と市場Ⅱ』（筑波書房、2010年）

鈴木宣弘『食の戦争』（文春新書、2013年）

菊池哲夫『食品の流通経済学』（農林統計出版、2013年）

下渡敏治・小林弘明編集担当『フードシステム学叢書　第3巻　グローバル化と

食品企業行動』(農林統計協会、2014年)
斎藤修・佐藤和憲編集担当『フードシステム学叢書　第4巻　フードチェーンと地域再生』(農林統計協会、2014年)
樫原正澄・江尻彰『今日の食と農を考える』(すいれん舎、2015年)

第5章 日本のフードシステムと環境負荷

良永康平

はじめに

　食に関する新聞記事やテレビ番組を目にする機会が非常に多くなっている。グルメ嗜好や健康的な食生活への興味からだけでなく、食の安全性への不安や異常に低い自給率への危機感からも、国民の日本の食への関心が高まっているためであろう。しかし、専門家を除いて、環境という観点から「農」や「食」が論じられることはあまり多くはない。

　実は、環境があってこその農や食であり、環境抜きに論じることはできない。例えば大気中の二酸化炭素が増加すると、光合成が活発化して一定程度までは穀物の収穫も増加するが、一方で地球温暖化の原因となってしまい、気温が標準よりも1度も上昇すると収穫量は10％以上減少すると言われている。さらに温室効果ガスによる地球温暖化は、平均気温の上昇だけではなく、地域によって干ばつや渇水、逆に台風や洪水をもたらし、この点でも穀物の収穫量に大きな影響を与える[1]。

　逆に、われわれの食や農のあり方も環境に多大な負荷を与えている。例えば、農林水産物を生産地から消費地まで遠路遙々運べば輸送エネルギーが増加し、また季節野菜を年中食べられるように温室栽培すれば暖房のためのエネルギーが増加し、これらによる二酸化炭素排出の増加は地球温暖化をいっそう加速することにもなる。

（1）例えば、杉浦（2009）や船瀬（1997）等を参照。

第5章　日本のフードシステムと環境負荷

このように、食・農と環境は大いに関連しており、その相互作用を考慮することが重要である。本章では、日本の食・農が戦後大きく変化し、フードシステム全体として環境負荷が大きくなっていることを明らかにする。

1 フードシステムで捉える

食・農と環境の相互連関を考える際には、例えば農業生産だけを単独で捉えるだけではなく、食品製造業や商業・運輸等の流通過程といった消費者の手元に至るまでの全体像を検討することが必要である。消費者の食のあり方によっても、あるいは流通過程によっても、環境への影響は異なってくるからである。

図5-1は、農林水産省が公表している日本のフードシステムの概況である。国内で生産された農林水産物と海外から輸入された生鮮品等は、直接消費に向かうか、外食産業に送られてそこで調理・加工されて消費者に提供されるか、あるいは食品製造業で加工されて卸売・小売を経て消費者の手に渡るかである。なかでも食品製造業を経由して小売から消費者に渡るケースが最も多く、

図5-1　生産から消費に至るフードシステムの現状

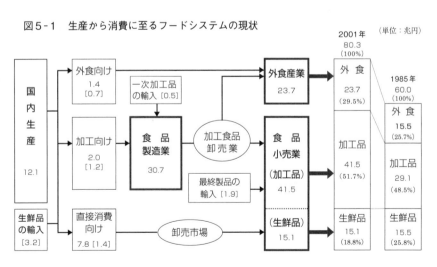

（資料）農林水産省総合食料局（2005）「生産から消費に至るフードシステムの現状について」より作成。

Ⅱ　現代の食料流通と環境問題

2001年で51.7％を占めている。参考までに1985年と比較すると、加工品も外食も金額、構成比ともに増大しているが、生鮮品のみ減少している。ここに、食の外食化、中食化の影響が表れている[2]。このような食のあり方の変化も、食の生産、流通・販売、消費を通して環境への負荷を変化させるため、フードシステム全体として考察することが必要となる。

つぎに、フードシステムを捉える新たな視点として、「ユニット・ストラクチュア（単位構造系）」を紹介することにする[3]。「ユニット・ストラクチュア」（以下「US」と略す）とは、1単位（ここでは10万円）の財貨やサービスを生産するために各産業間で必要となる原材料の購入・販売を表した表で、財貨・サービスを生産・供給する産業だけではなく、その背後で必要となる原材料等の生産・供給をも含めた、全体としての産業間の構造を捉えるための表のことである。つまり、特定の産業の生産に直接必要な様々な原材料やサービスだけではなく、その原材料を製造するためにも必要な生産をすべて含めた、直接・間接に必要となる究極の取引を示したものである。

様々な農産物や食品に関するUSを計算・呈示することができるが、ここでは代表として、野菜（農業）、肉加工品（製造業）を見ていく。

表5－1a～1bは、野菜のUSを計算し1990年と2005年を比べたものである。表は、縦（列）方向に購入（投入）を表し、横（行）方向に販売（産出）を表している。例えば1990年に、野菜が最終的には消費者の手元に10万円分販売されるためには、事前に種苗が野菜生産のために2,461円販売され、種苗自体の生産にも404円分販売されなくてはならなかった。しかしそれ以外にも、野菜生産には有機質肥料や化学肥料、農薬、段ボール箱、石油製品、さらには卸売・小売、金融、運輸等のサービスも必要であり、その肥料や段ボール、石

---

(2)「外食」とはレストランや食堂等で食事をすることであり、「中食」とは調理された料理を購入して食することである。また「内食」とは具材を購入して家庭で調理し食することである。
(3) ユニット・ストラクチュアの構想は、もともとは尾崎巌「経済発展の構造分析（三）」『三田学会雑誌』73巻5号に拠るが、ここではそれを食・農に応用した。
(4) 中間投入計や中間需要計は、それぞれ表（行列）の列和、行和を表しているが、この表の数字を合計しても記載の数字にはならない。計算を行った400産業（部門）のうち少額の取引は、ここでの表記から省略しているためである。

第5章　日本のフードシステムと環境負荷

表5-1a　野菜のユニット・ストラクチュア（1990年）

(単位：円)

投入産業＼産出産業	野菜	種苗	農業サービス	有機質肥料	段ボール	段ボール箱	化学肥料	農薬	石油製品	プラスチック製品	事業用電力	卸売	金融	中間需要計
種苗	2,461	404	0	0	0	0	0	0	0	0	0	0	0	2,871
農業サービス	2,110	0	0	0	0	0	0	0	0	0	0	0	0	2,146
原油・天然ガス	0	0	0	0	0	0	30	0	1,023	0	90	0	0	1,153
有機質肥料	1,001	26	23	27	0	0	0	0	0	0	0	0	0	1,083
板紙	0	0	0	0	872	2	0	0	0	0	0	0	0	900
段ボール	0	0	0	0	0	1,848	0	0	0	0	0	0	0	1,855
段ボール箱	4,121	21	114	0	0	0	5	19	0	1	0	13	0	4,340
化学肥料	2,736	49	1	0	0	0	553	0	0	0	0	0	0	3,379
農薬	4,514	61	46	0	0	0	0	337	0	0	0	0	0	4,993
石油製品	1,207	19	32	4	6	11	199	14	41	3	38	31	4	2,136
プラスチック製品	729	12	16	0	0	3	34	111	1	299	0	3	8	1,372
建設補修	80	0	5	0	18	29	21	16	3	7	30	20	16	423
事業用発電	68	3	57	7	5	25	94	34	7	24	7	11	10	725
卸売	2,008	39	46	18	99	117	64	127	24	47	9	38	8	3,428
小売	2,141	21	33	0	1	8	4	2	0	1	1	18	6	2,355
金融	2,977	78	64	1	29	56	46	251	12	11	25	185	469	4,869
道路貨物輸送	969	19	15	22	56	42	36	55	2	11	3	5	4	1,449
中間投入計	30,091	995	828	442	1,185	2,538	1,960	2,230	1,213	785	355	1,132	1,731	56,933

表5-1b　野菜のユニット・ストラクチュア（2005年）

(単位：円)

投入産業＼産出産業	野菜	種苗	農業サービス	有機質肥料	段ボール	段ボール箱	化学肥料	農薬	石油製品	プラスチック製品	事業用電力	卸売	金融	中間需要計
種苗	2,760	1,161	0	0	0	0	0	0	0	0	0	0	0	3,925
農業サービス	4,757	0	0	0	0	0	0	0	0	0	0	0	0	4,877
原油・天然ガス	0	0	0	0	0	0	255	0	1,595	0	147	0	0	2,104
有機質肥料	1,677	14	35	242	0	0	0	0	0	0	0	0	0	1,985
板紙	0	0	0	0	1,013	2	0	0	0	0	0	0	0	1,051
段ボール	0	0	0	0	0	1,991	0	0	0	4	0	0	0	2,002
段ボール箱	4,383	9	129	0	0	0	6	15	0	4	0	23	1	4,613
化学肥料	3,027	91	0	0	0	0	527	0	0	0	0	0	0	3,709
農薬	3,567	92	29	0	0	0	0	532	0	0	0	0	0	4,278
石油製品	2,067	7	57	11	4	8	108	16	119	2	40	63	6	3,104
プラスチック製品	1,117	8	52	1	0	5	36	124	1	526	0	7	7	2,153
建設補修	583	2	13	3	28	36	24	21	2	13	82	42	16	1,152
事業用発電	496	14	202	17	6	33	72	65	7	50	66	32	13	1,721
卸売	4,336	225	115	80	387	373	143	208	37	163	26	124	21	7,775
小売	1,408	35	43	1	2	8	16	3	0	2	1	42	10	1,736
金融	551	12	41	26	43	78	51	317	11	11	56	403	659	4,881
道路貨物輸送	1,264	60	46	52	110	190	45	53	12	24	10	14	7	2,321
中間投入計	39,554	2,183	1,758	1,338	1,728	3,158	2,422	3,067	1,983	1,560	732	2,424	2,142	87,264

油製品等の原材料生産のためにも様々な財貨やサービスが必要であり、それらの取引全体が表に記載されている[4]。

この取引を2005年のものと比較すると、多くの取引で増加していることがわかる。ここでは2000年の実質価格で評価しているので、価格上昇分は含まれておらず、実質的（量的）に増加していることになる。野菜生産に投入された原材料やサービスの合計（中間投入計）も56,933円から87,264円に増加しているが、例えば有機質肥料や化学肥料の投入が増加しており、そのために肥料を生産するのに必要な原材料も増加している。また、野菜の生産における石油製品や事業用発電の利用が増加しており、これらの形態でのエネルギーを供給するために、その原材料となる原油・天然ガスの使用も増加していることが見てとれる。さらに15年間で、卸売マージンや道路貨物輸送サービスが増大しており、野菜を輸送するための国内輸送距離は伸びていることもわかる。

このように、消費者に10万円分の野菜を届けるためには、その背後でさまざまな財貨・サービスの取引が行われ、それによって初めてフードシステムが成り立っている。野菜に関しては、10万円単位当たりのフードシステムは増大しており、エネルギーや輸送の増加によって二酸化炭素排出等の環境負荷も増大している[5]。

同様に、次は、肉加工品10万円分の生産に必要なUSが**表5-2a～2b**に示されている。肉加工品の場合は、さらに全体の取引額は多く、10万円を越えている。もちろん、肉加工品産業も付加価値（利潤や賃金等）を生み出さねば存立できないため、肉加工品部門の原材料投入は10万円を下回っているが、産業全体での取引（中間投入・需要計）は10万円をかなり越えており、しかも2005年にかけて増加している。とくに、卸売や運輸等の流通サービスが大幅に伸びており、単位生産当たりの環境負荷がより大きくなっていることをうかがうことができる。

このようにして、最終的に10万円の農林水産業や食品産業の財貨・サービスを生み出すために必要な産業全体の直接・間接取引を比較してみると、屠畜や肉用牛、肉鶏、動物油脂、肉加工品などの食肉関連産業の直接・間接の取引

---

[5] 良永（2008）を参照されたい。

第5章　日本のフードシステムと環境負荷

表5-2a　肉加工品のユニット・ストラクチュア（1990年）

(単位：円)

産出産業＼投入産業	その他の食用耕種作物	酪農	肉鶏	豚	肉用牛	と畜（含肉鶏処理）	肉加工品	飼料	事業用電力	卸売	道路貨物輸送	中間需要計
その他の食用耕種作物	574	0	0	0	0	0	0	2,037	0	0	0	2,989
飼料作物	0	392	0	6	1,016	0	0	49	0	0	0	1,471
酪農	1	10	0	0	1,090	865	0	0	0	0	0	2,191
肉鶏	13	0	0	0	0	6,555	0	0	0	0	0	6,582
豚	0	0	0	6	0	10,886	0	0	0	0	0	10,898
肉用牛	1	0	0	0	2,804	9,944	0	0	0	0	0	12,790
農業サービス	16	33	1,505	561	204	0	0	0	0	0	0	2,479
と畜	0	0	0	0	0	0	32,654	80	0	0	0	32,791
植物油脂	0	0	0	0	0	0	0	1,291	0	0	0	1,489
飼料	0	248	3,058	4,787	1,798	0	-182	908	0	0	0	10,762
印刷・製版・製本	0	0	0	0	0	5	2,393	10	7	104	11	3,584
石油製品	54	11	30	42	54	15	266	44	94	135	297	1,849
プラスチック製品	24	0	3	3	7	0	399	3	0	13	1	1,361
事業用発電	0	5	15	34	6	1	754	96	17	47	15	1,804
卸売	79	28	119	178	173	1,605	9,821	1,005	23	165	33	14,974
金融	156	87	245	404	511	59	706	157	62	809	59	5,358
道路貨物輸送	45	45	461	718	321	253	661	494	8	22	5	3,641
物品賃貸業	0	0	0	0	0	3	109	34	18	32	9	531
その他の対事業所サービス	0	0	0	0	0	24	657	27	27	217	1	1,910
中間投入計	1,940	1,115	5,966	7,980	9,471	31,164	58,935	9,395	883	4,945	1,231	165,339

表5-2b　肉加工品のユニット・ストラクチュア（2005年）

(単位：円)

産出産業＼投入産業	その他の食用耕種作物	酪農	肉鶏	豚	肉用牛	と畜（含肉鶏処理）	肉加工品	飼料	事業用電力	卸売	道路貨物輸送	中間需要計
その他の食用耕種作物	674	0	0	0	0	0	0	2,171	0	0	0	3,386
飼料作物	0	612	0	161	1,127	0	0	173	0	0	0	2,080
酪農	4	10	0	0	2,067	640	0	0	0	0	0	2,935
肉鶏	11	0	0	0	0	6,452	0	0	0	0	0	6,471
豚	0	0	0	6	0	11,000	0	0	0	0	0	11,009
肉用牛	4	0	0	0	3,898	10,977	0	0	0	0	0	14,901
農業サービス	176	52	1,217	153	321	0	0	0	0	0	0	2,174
と畜	0	0	0	0	0	0	38,184	20	0	0	0	36,257
植物油脂	0	8	0	41	36	0	0	1,983	0	0	0	2,292
飼料	0	477	2,962	4,937	2,950	0	-168	1,000	0	0	0	12,314
印刷・製版・製本	0	0	0	0	0	0	2,775	1	9	108	11	3,746
石油製品	37	10	36	35	40	15	197	56	70	170	204	1,570
プラスチック製品	14	0	2	2	2	0	1,186	0	0	18	2	2,467
事業用発電	0	43	44	246	119	4	1,121	131	114	86	31	2,986
卸売	77	61	143	345	367	3,117	12,070	1,431	45	333	73	20,889
金融	56	36	15	93	190	48	1,105	141	97	1,084	42	5,553
道路貨物輸送	23	88	379	610	594	751	1,213	379	17	38	8	4,901
物品賃貸業	2	12	0	13	19	1	241	36	60	342	56	2,327
その他の対事業所サービス	0	0	0	0	0	24	756	31	43	406	8	2,429
中間投入計	1,570	1,771	5,231	8,038	13,759	33,658	68,776	9,905	1,270	6,511	1,441	191,399

額が多く、なおかつ1990年以降増加しているものが多い。また飲食店や喫茶店等の食品関連サービスも大幅に増加している。その一方で飼料、飼料作物、鶏卵、砂糖、塩・干・燻(くん)製品、でん粉、植物油脂、パン類、調味料等では、10万円分の財貨を産出するための直接・間接の取引額は減少している[6]。

ここで考察したUSは、あくまで10万円という単位当たりの食を生産するために必要な原材料も含めた産業間の取引であるが、時間の経過とともに最終消費者の需要自体が増加している場合は、その増加倍率だけ中間財取引も増加することになり、したがって環境への負荷も増大することになる。全体としての環境負荷を低減させるためには、USでみたエネルギーや農薬等の使用も点検し、無駄を省いてゆく必要がある。

2　生産における環境負荷

前節で述べたように、フードシステム全体で捉えると、野菜や肉加工品の場合は単位当たりの取引によって環境負荷も増大したことがうかがわれる。それでは、生産の局面ではどのような環境への負荷が考えられるだろうか。

まずは、肥料や農薬等の増加があげられるだろう。除草剤や病害虫の除去のための殺虫・殺菌剤、収穫向上のための成長促進・発芽抑制剤等があるが、それらはもちろん経済的にも環境的にも少ない方が望ましい。例えば、日本でもミツバチの大量死が頻発しているが、この原因としてネオニコチノイドという農薬が疑われており、ミツバチにとどまらず、子供の脳の発達障害への関与も懸念されている[7]。また、肥料として窒素、リン酸、カリウムは肥料の三要素といわれるぐらいに重要なものであるが、土壌からの流出を恐れて必要以上に与え過ぎると、土壌の微生物の減少や発がん性のある硝酸態窒素の生成、地下水の汚染、河川・湖沼の富栄養化によるアオコ発生等を招来することもある。環境への負荷がいっそう少ない農薬や肥料を開発すべきである。

---

(6) USの計算はあくまで単位当たり（100万円）のものであり、最終需要自体が増加しているならば、USの数値は減少していても、実際の取引額は増加している場合がある。
(7) このミツバチの大量死問題は次章のコラムで取り上げている。

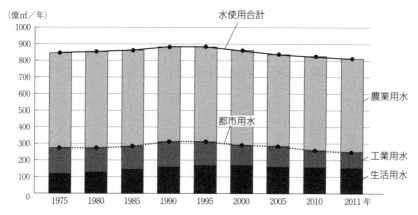

図5-2 日本の水使用量

（資料）国土交通省『日本の水資源』（平成27年版）より作成。

つぎに、水の利用の問題も、環境への負荷要因として考慮に入れなくてはならない。農産・酪農品の栽培・育成には大量の水が必要であり、農業用水は日本全体の水使用の約7割弱を占めている（**図5-2**参照）。その内訳は、水田の灌漑用水、野菜・果樹等のための畑地灌漑用水、家畜の飼育等に必要な畜産用水である。農業用水はこれ以外にも、農村環境や生態系の保全、地下水涵養等にも役立っており、日本の食農を守るためには今後も水環境の維持に務めていく必要があるだろう[8]。

さらに、栽培方法によって生じる環境負荷も存在している。一昔前は、野菜は季節ごとに栽培・収穫され、夏野菜、秋・冬野菜等に分かれていたが、いまやその区分は明確ではなくなり、消費者が1年中手にすることができる野菜は増えてきている。これを「食の周年化」という。この背景には、施設栽培（ハウス栽培）の増加があげられる。

では、露地栽培に対して施設栽培はどれぐらいの規模に達しているのだろうか。個々の野菜について検討することもできるが、ここでは産業連関表から計算した**表5-3**を用いて、野菜全体について比較してみよう。

表5-3からは、施設栽培の野菜は露地栽培の野菜よりも少ないものの生産

（8）国土交通省『日本の水資源』（各年版）を参照。

Ⅱ 現代の食料流通と環境問題

表5-3 露地栽培と施設栽培の環境負荷比較

		野菜（露地）	野菜（施設）
国内生産額		1,320,489	715,020
付加価値額		818,173	416,091
従業員総数		404,407	285,699
エネルギー投入量	ガソリン（kl）	49,020	32,620
	灯　油（kl）	10,780	90,480
	軽　油（kl）	107,430	43,240
	A重油（kl）	11,190	8,497,990
	液化石油ガス（t）	－	52,770
	事業用電力（百万kw/h）	650	3,640
熱量換算（Gj）	ガソリン	1,696,092	1,128,652
	灯　油	395,626	3,320,616
	軽　油	4,050,111	1,630,148
	A重油	437,529	332,271,409
	液化石油ガス	0	2,680,716
	合　計（Gj）	6,579,358	341,031,541
CO_2排出量（$t-CO_2$）	ガソリン	113,746	75,691
	灯　油	26,851	225,370
	軽　油	278,148	111,953
	A重油	30,321	23,026,409
	液化石油ガス	0	160,414
	合　計（$t-CO_2$）	449,066	23,599,837

（資料）総務省統計局『平成17年産業連関表』より筆者計算。

額で50％強、従業員数では約70％にも達しており、規模的にもかなりの水準になっていることがわかる。ところが、生産に当たっての投入熱量は、主には施設栽培のA重油投入が露地栽培よりもはるかに多いために、全体としても約52倍も多くなっている。このために、事業用電力を除いて考えても、施設栽培はCO_2の排出も約53倍も多く、環境負荷が大きな栽培方法となっている。

もちろん、環境負荷が大きいというだけでは、必要な野菜がいつでも手に入るという施設栽培の便利さを押しとどめることはできないが、施設栽培は露地栽培よりも環境負荷が大きなことを認識し、再生可能エネルギーの利活用等によって負荷を軽減していくことは重要なことである。また、施設栽培は露地栽培よりエネルギーの使用が多い分、農薬等の負荷は逆に低減化に向けて工夫すべきである。

3　輸入による環境への負荷

日本の食の洋風化とともに輸入が激増し、国内自給率は低下の一途を辿ったことは知られている。その要因の1つには、もちろん食肉等畜産物を国内では

すべて賄うことができず、とりわけその飼料となる穀物を狭隘な国土では栽培できないことがあげられるが、さらに次のような事情も関与していた。
（1）日本が経済大国となり、食料を輸入する余裕が出てきた。
（2）国内産の価格が高くなり海外の方が食材等を安く調達できる。
（3）膨大な日本の貿易黒字に対するGATTやWTO等の国際機関の圧力。
（4）保存料や保冷等の輸送技術が進歩し、長距離輸送が可能となった。

いずれにしても、日本の自給率は図5-3のように低下を続け、全体での自給率はカロリーベースで2014年には39％となっている。

では食料自給率とはいったい何なのだろうか。個別の品目別自給率であれば、

$$品目別自給率 = \frac{国内生産量}{国内消費仕向量} = \frac{国内生産量}{（国内生産量＋輸入－輸出）}$$

によって計算できる。すなわち、国内に供給される国内生産量と輸入から、国外に漏出する輸出を差し引いた量（国内消費仕向量）のうち、どれだけ国内生産量によって賄われたかを示しているのが食料自給率である。ところが実際には、穀物や野菜、畜産、魚介等の様々なものがあるために、これらを総合した食料全体

図5-3 日本の食料自給率の推移

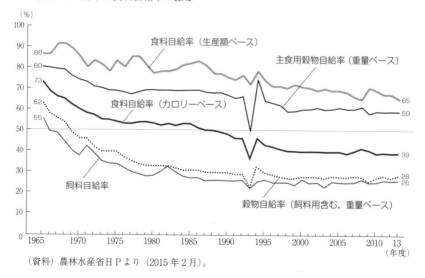

（資料）農林水産省HPより（2015年2月）。

Ⅱ　現代の食料流通と環境問題

図5-4　先進主要国の食料自給率の推移（カロリーベース）

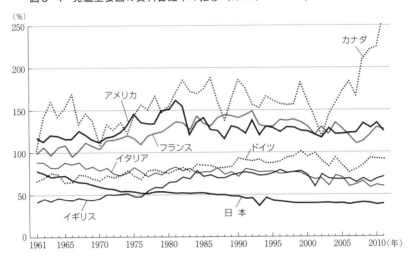

（資料）農林水産省「諸外国・地域の食料自給率（カロリーベース）の推移（1961～2013）」をもとに図表化。

【コラム】クッキング自給率

通常は、食品別の輸入率や自給率が発表されているが、農林水産省のHPから「クッキング自給率」というソフトをダウンロードすれば、日本での標準的な料理の自給率や、自分が作ろうとしている料理の自給率を計算できる。

試しにダウンロードしてみて、自給率は洋食と和食のどちらが高いといえるか、肉料理と魚料理ではどうか、等を検討してみてはどうだろうか。

なお、データは年1回最新のものに更新されている。

		自給率%
洋食	ボイルソーセージ	6
洋食	ナチュラルチーズ	7
洋食	スライスチーズ	7
中華	えびの中華風衣揚げ	7
和食	豚肉の生姜焼き	8
洋食	ウィンナーのソテイ	8
洋食	ハムエッグ	8
洋食	チーズフライ	8
洋食	目玉焼き	8
洋食	トンカツ	9
…	……………	
和食	鯵の酢の物	80
和食	鯵の塩焼き	83
和食	かつおのたたき	83
和食	鯖の竜田揚げ	83
和食	根菜の汁	84
果物	柿	85
和食	焼き茄子	88
和食	ふかし芋	93
果物	梨	98
和食	白米ご飯	100

の自給率を求める際には何らかの共通の単位で計算する必要がある。図5-3をみてわかるように、これがいくつの自給率指標が存在する理由である。生産額ベースの自給率もあれば、重量ベースのもの、カロリーベースのものもある。また、飼料だけの自給率もあれば、穀物の自給率、そして食料全体の自給率もある。このうち日本で最も使われているがカロリーベースの食料自給率であるが、図5-4をみても1970年代後半以降は日本が他の先進諸国と比べても最も低くなっている。

食料自給率が著しく低くなる要因の1つとして、畜産物ついてはたとえ国産であっても、輸入したエサ（飼料）によって飼育された分に関しては国産とは認められず、カロリーベースの自給率には算入されないことがあげられる。日本は、トウモロコシなどの飼料がほとんど輸入に依存しているため、食の洋風化による畜産物の多用は自給率の低下となって表れているのである。

このように、低い食料自給率は、輸送のための化石燃料消費に因る大量の二酸化炭素排出という環境負荷を生じさせている。また、日本に輸出する諸国には、生産のための水消費、農薬・肥料等の投与という環境負荷も与えている。

4 フード・マイレージ

食料自給率は食の海外依存度を示す指標であるが、これにさらに食材や飼料等をいかに遠くから運んでいるかという輸送距離も加味したものが「フード・マイレージ」という指標である[9]。すなわち、

輸入相手国別の食料輸入量(t) × 輸出国から日本までの輸送距離(km)

がフード・マイレージ（以下「FM」と略す）であり、この数値が大きいほど環境への負荷も大きくなることを意味している[10]。そして、いかに少量であっ

---

(9) もともとは1994年に、ロンドン市立大学のティム・ラング（Tim Lang）教授が「フードマイル」として提唱した概念である。
(10) フード・マイレージといえば、中田哲也氏（農林水産省）のユニークな研究であり、本章の図表が様々な書籍等にも引用されている。

Ⅱ　現代の食料流通と環境問題

図5-5　輸入食料のフード・マイレージ（品目別）

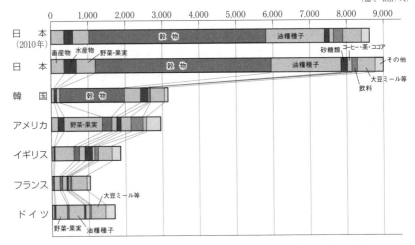

（資料）中田哲也氏ＨＰ（http.//members3.jcom.home.ne.jpfoodmileage/fmtop.index.html）より作成。

図5-6　各国の1人当たりフード・マイレージ比較（輸入相手国）

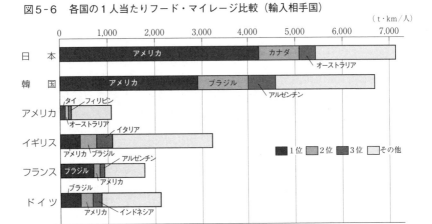

（資料）中田哲也氏（2003）「食料の総輸入量・距離（フード・マイレージ）に及ぼす負荷に関する考察」『農林水産政策研究』第5号、45～59ページより。

ても、遠くの国から運んでくるのは、近隣から大量に輸入するのと環境への負荷としては同等だということになる。

図5-5によれば、日本の輸入食料全体のFMは2001年に約9,000億t·kmであり、アメリカや欧州諸国と比べると3〜8倍にも達している。2010年にかけてもあまり大きな変化は見られない。油糧種子のFMが多少減ったに過ぎない。全体のFMの内訳をみると、小麦やトウモロコシ等の穀物や油糧種子が圧倒的であり、これは韓国もほぼ同様である。野菜や果実が多いアメリカ、あるいは大豆ミールが多い欧州とは対照的である。日本のパンにしろ、家畜の飼料にしろ、この輸入の上に成り立っているのである。

FMを国別に見ると（図5-6）、様々な国に分散的に依存している欧州とは異なり、日本の場合は圧倒的にアメリカに依存しており、50％を超えている。このように海外から大量に輸送すれば、それだけ化石燃料を消費することになり、温室効果ガスも増えることになる[11]。また日本は、原油価格の高騰や、やはり大量輸入国に転じつつある中国の穀物取引市場への参入による穀物価格の騰貴にも、大きな影響を受けることになる。

このFM指標は、あくまで海外からの運輸に関する環境負荷に関するものであり、生産や消費に関する指標ではない。しかも計算に当たり、すべてを船舶に乗せ標準的な航路で運んだらどのぐらいかという仮想的な計算である。実際には空輸もあり、大陸国では陸上運輸もあるので負荷はもっと大きいと考えるのが妥当である。そういう意味からもあくまで参考指標の一つに過ぎないが[12]、輸入する率（あるいは逆に自給率）や量といった指標に、どれだけ遠くから運んでいるかということも考慮に入れている点でユニークである。最近では、コンビニ弁当や給食料理のFM比較といったような試みも行われており[13]、どの

---

[11] 問題なのは、京都議定書（2005年2月発効）の先進各国の二酸化炭素削減目標値には、これらの国際輸送に伴って発生する二酸化炭素が含まれていないことである。どの国に割り当てるべきかについての合意が得られないためである。

[12] 中田氏本人も述べているように、本来は国内生産・輸送に関するエネルギーと比較しないと何とも言えない数字である。国内生産した方が環境負荷は大きく、海外から輸送した方が環境に優しいかもしれないからである。

[13] 例えば、千葉保監修『コンビニ弁当16万キロの旅』太郎次郎社エディタス、を参照されたい。

ような弁当が環境に優しいのかを明らかにし、また地元の食材を用いる地産地消の意義も浮き彫りにできるかもしれない。

5　食品廃棄物

　食品は、生産や運輸・流通過程だけではなく、消費の段階でも廃棄物となって環境に負荷を与えている。それにはペットボトルや食品トレイのような飲食物の容器包装類も含まれるし、食べ残し等の食品廃棄物も含まれる。ここでは、主に生ゴミと称される食品廃棄物を考察しよう[14]。
　しばしば用いられる統計に、図5-7のようなものがある[15]。
　これは、国民1人が1日に供給されている熱量と摂取している熱量を示している。2つの統計は調査担当部局も定義も異なっているが、この差が食べ残しではないかといわれている。供給されているのに摂取されなければ、破棄物と

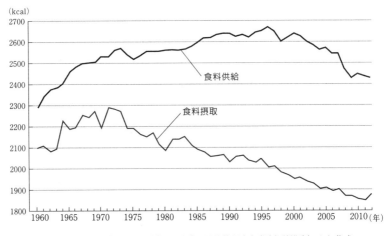

図5-7　国民1人1日当たりの食料エネルギー

（資料）「食料需給表」（農林水産省）及び「国民栄養調査」（厚生労働省）より作成。

---

(14) 食品を含む家庭ごみの実態は、高月（2004）参照。
(15) 「食料需給表」（農林水産省）及び「国民栄養調査」（厚生労働省）より作成。

なっているに相違ないという考えである。もしその解釈が正しければ、摂取量は1970年頃を境に、ダイエットブームや人口高齢化の進行によって低下を始め、一方で供給量は2000年にかけて増加したために格差が広がった。その供給量も2000年以降は低下しているが、格差はそのままで、供給量の約2割が食べ残しとして無駄になっている。

ところで食品廃棄物は、食品の製造段階であれば産業廃棄物に、流通段階や最終消費段階では一般廃棄物となるが、**表5-5**をみると家庭からは約1,072万トンもの食品廃棄物が排出されており、これは食品廃棄物全体の約63％も占めている。事業系や産業廃棄物であれば、平成13年度から「食品リサイクル法」も施工され、食品関連事業者による再生利用も行われているが、家庭系

図5-8　発生段階別の食品廃棄物

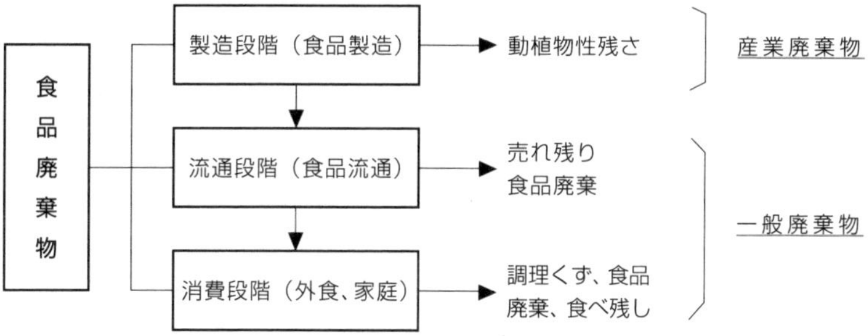

```
                ┌─ 製造段階（食品製造）──→ 動植物性残さ      　産業廃棄物
食品廃棄物 ─────┼─ 流通段階（食品流通）──→ 売れ残り
                │                            食品廃棄
                └─ 消費段階（外食、家庭）──→ 調理くず、食品   　一般廃棄物
                                              廃棄、食べ残し
```

表5-5　食品廃棄物等の発生及び処理状況（2010年度）

(単位：万トン)

	発生量	処分量				
		焼却・埋立処分量	再生利用量			
			肥料化	飼料化	その他	計
一般廃棄物	1,423	1,282	−	−	−	141
うち家庭系	1,072	1,005	−	−	−	67
うち事業系	351	277	26	28	20	74
産業廃棄物	290	55	38	176	21	235
合　計	1,713	1,337	−	−	−	376

(資料) 環境省『環境統計集』（平成26年度版）。

Ⅱ 現代の食料流通と環境問題

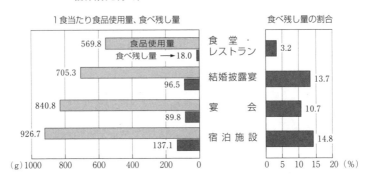

図5-9 1食当たりの食品使用量、食べ残し量、食べ残し量の割合（飲料類を除く）

（注）「食堂・レストラン」は昼食を、「宿泊施設」は宿泊客に提供された夕食を調査対象とした。
（資料）農林水産省『平成21年度 食品ロス統計調査報告』（平成23年3月）より。

の食品廃棄物はそのほとんどが焼却・埋立処分されているのが現状であり、環境への負荷も大きくなっている。また、事業系の食品廃棄物も再生利用率は未だそれほど高くはない。例えば、図5-9の外食産業の食べ残し率を見てみよう。結婚披露宴等のパーティーやホテル等の宿泊施設でかなりの食べ残しが出ており、食堂やレストランよりもはるかに高い割合である。再生利用の前に、まずは発生量自体を抑える（Reduce）ことが重要である。

そもそも、世界では8億人もの人が栄養不足に苦しみ多くの餓死者も出ているなか、世界中から大量の農産物・食料を、輸送に莫大なエネルギーをかけて輸入しても、結局は供給食糧の約2割も無駄にしている日本の食生活は倫理的にも問題があるし、その分の環境負荷はきわめて大きいと言わざるを得ない。「食品リサイクル法」の対象外である一般家庭の食品廃棄物・生ゴミについても、今後削減の方策を鋭意検討していく必要があるだろう。

むすび

本章で見てきたように、様々な意味で、日本の食・農は環境負荷の大きなも

のとなってしまっている。海外からの大量の輸入然り、国内生産の場合も、季節や地域特性を無視したハウス栽培、過剰包装と複雑な流通経路等によって、そして最終的には消費者の過剰注文・購入、大量廃棄によって、エネルギーも廃棄物も多くなっている。生産から流通、消費にいたるフードシステム全体の見直しが必要となっている。これを改善する一つの方法として、多くの論者が提起しているように「地産地消」、「旬産旬消」、「スローフード」等が確かに有効策であると思われる。

　「地産地消」というのは、地元で採れたものを中心に食材を組み立てることであり、「旬産旬消」とは季節にあった食材を利用することである。また、「スローフード」とは、ファストフードに対抗してイタリアで始まった運動で、全国一律の味ではなく、多彩な味の郷土料理を大事にしていこうというものである。このような食のあり方が、例えば長距離輸送や早生用ハウス栽培等のエネルギーを減少させ、また過剰包装等を軽減させることにつながる。しかし実は、「地産地消」は環境に優しいだけではなく、日本の食農や地域経済を活性化させ、様々な意味で持続可能な方向に転換する上でも重要な要素となっている。

（参考文献）

應和邦昭（2005）『食と環境』東京農大出版会。

嘉田良平（2014）『食と農のサバイバル戦略』昭和堂。

高月　紘（2004）『ごみ問題とライフスタイル』日本評論社。

柴田明夫（2007）『食糧争奪——日本の食が世界から取り残される日』日本経済新聞社。

杉浦俊彦（2009）『温暖化が進むと「農業」「食料」はどうなるのか？』技術評論社。

鈴木宣弘（2005）『食料の海外依存と環境負荷と循環農業』筑波書房。

時子山ひろみ・荏開津典生（2005）『フードシステムの経済学 第3版』医歯薬出版。

中田哲也（2007）『フード・マイレージ』日本評論社。

南齋規介・森口祐一・東野達（2002）『産業連関表による環境負荷原単位デー タ

Ⅱ　現代の食料流通と環境問題

　　ブック（3EID）』国立環境研究所。
橋本直樹（2004）『見直せ 日本の食料環境』養賢堂。
原　剛（2001）『農から環境を考える――21世紀の地球のために』集英社新書。
船瀬俊介（1997）『温暖化の衝撃――"超食糧危機"が来る』三一書房。
山下惣一・鈴木宣弘・中田哲也編（2007）『食べ方で地球が変わる――フードマイレージと食・農・環境』創森社。
三島徳三（2003）『地産地消が豊かな食生活をつくる』筑摩書房ブックレット。
良永康平（2008）「産業連関表からみた日本のフードシステムの環境負荷」関西大学『経済論集』第58巻第3号。
若森章孝編（2008）『食と環境』晃洋書房。

第6章　食農を支える生態系環境

良永康平

はじめに

　前章では、日本のフードシステムが様々な形で環境負荷を与えていることを明らかにした。本章ではまず、日本の農産物輸入が世界で水資源利用という負荷を引き起こしていることを明らかにし、そして食農の維持には貴重な淡水が必要であり、これを保全するためには森林環境を維持することが必要であること、さらに日本の食農は生物多様性の上に成り立っていることを説明する。

1　仮想水（Virtual Water）とウォーターフットプリント

　「仮想水（バーチャルウォーター）」（以下「ＶＷ」と略す）という指標が考案されている。農畜産物の輸入は、輸出国でその生育に多量の水を必要とすることから、あたかも水を間接的に輸入しているようなものだという発想から推計した、仮想的な水の輸入量のことである[1]。したがって、食料自給率が低い日本が世界中から大量の食料を輸入しているということは、仮想的に水を大量に輸入していることを表している。
　東京大学生産技術研究所の沖大幹グループが計算した図6-1を見てもわか

（1）仮想水は沖大幹氏（東京大学生産技術研究所）の研究が有名であり、本章で引用した図表も様々なところでも参考にされている。

Ⅱ 現代の食料流通と環境問題

図6-1　2005年バーチャルウォーター輸入量

(単位:億㎥／年)

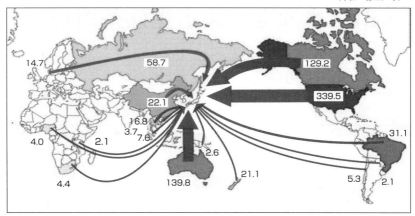

(出所) 東京大学生産技術研究所・沖大幹研究室。

るように、日本が輸入するＶＷはアメリカからが最も多いが、それ以外の世界中の国からも輸入しており、合計で約800億㎥にも達している。日本国内での年間灌漑用水の使用量が2000年に約600億㎥であることを考えると、それを上回るＶＷはいかに膨大な輸入量であるかが実感できる。さらに表6-1は、個別食品・食材のＶＷを表示したものである。

例えばパンであれば、通常食パン1枚というのは60ｇであるが、原材料の小麦等も含め輸入せずに国内のみで生産するには98ℓもの水が必要となる。スパゲッティも1食は通常100ｇであるが、これを日本で生産するには200ℓもの水が必要であり、例えばイタリアから輸入したとすれば、イタリアから200ℓのＶＷを輸入するようなものなのである。

さらに表6-1を見ると、穀物を餌として消費する牛(肉)1ｔにはその20,000倍、豚(肉)1ｔにもその5,900倍もの水が必要であることがわかる。これは、家畜は水も飲むが、その水を使って成長する穀物も消費するためＶＷが多くなるのである。

こうして、各食品のＶＷは信じがたいほど多く、これらの食材を使った料理のＶＷはさらに多くなる。これは、もし日本が国内の灌漑水だけに頼って生産していたら、とても生産しえないような大量の農産物や食品の輸入を通して、

表6-1 バーチャルウォーター(VW)量 一覧表

大分類	小分類	VW基準値(㎥/t)		単位	単位当たりの重量(g)	VW量(ℓ)
畜産製品	牛肉	20,600	※1	－	－	20,600
	豚肉	5,900	※1	－	－	5,900
	鶏肉	4,500	※1	－	－	4,500
	鶏卵	3,200	※1	1個	56	179
主食	米	3,700	※1	1合	150	555
	炊いたご飯	3,700	※1	1杯	75	278
	パン	1,600	※1	1枚	60	96
	生うどん	1,600	※1	1食	100	160
	そうめん・ひやむぎ	2,000	※1	1食	70	140
	そば	4,600	※1	1食	145	667
	スパゲティ	2,000	※2	1食	100	200
	インスタントラーメン	1,850	※1	1食	65	120
野菜	だいこん	128	※1	1本	800	102
	かぶ	208	※1	1個	25	5
	にんじん	183	※1	1本	225	41
	ごぼう	440	※1	1本	200	88
	れんこん	665	※1	1節	150	100
	さといも	673	※1	1個	55	37
	やまのいも	392	※1	1本	300	118
	はくさい	79	※1	1株	1,500	119
	キャベツ	117	※1	1個	700	82
	ほうれん草	246	※1	1把	450	111
	ねぎ	433	※1	1本	120	52
	たまねぎ	158	※1	1個	240	38
	なす	185	※1	1個	70	13
	トマト	131	※1	1個	125	16
	きゅうり	123	※1	1本	200	25
	かぼちゃ	309	※1	1個	1,200	371
	ピーマン	193	※1	1個	28	5
	さやえんどう	547	※1	1さや	2.25	1.23
	えだ豆	672	※1	1さや	2.5	1.68
	さやいんげん	311	※1	1さや	2.75	0.86
	とうもろこし(スイートコーン)	434	※1	1本	200	87
	レタス	165	※1	1株	65	11
	セロリ	129	※1	1本	40	5
	カリフラワー	166	※1	1株	525	87
	ブロッコリー	314	※1	1個	286	90
	じゃがいも	185	※1	1個	100	19
	さつまいも	202	※1	1本	300	61
	にんにく	2,317	※1	1片	15	35
	しいたけ	3,125	※2	1個	10	31
	くり	7,145	※1	1個	13	93
	大豆	2,500	※1	1カップ	150	375
くだもの	みかん	374	※1	1個	100	37
	キウイフルーツ	581	※1	1個	120	70
	オレンジ	400	※1	1個	225	90
	りんご	347	※1	1個	200	69
	ぶどう	706	※1	1粒	5	4
	なし	356	※1	1個	175	62
	もも	482	※1	1個	150	72
	すもも	869	※1	1個	200	174
	パインアップル	376	※1	1個	2,000	752
	さくらんぼ	1,600	※1	1個	8	13
	柿	696	※1	1個	175	122
	いちご	682	※1	1粒	15	10
	すいか	182	※1	1個	2,750	501
	メロン	758	※1	1個	550	417

(注) ※1は東京大学生産技術研究所 沖大幹研究室、※2は沖研究室と読売新聞との共同。
(出所) 環境 Virtual Water HP (2015) より。

II 現代の食料流通と環境問題

図6-2 ウォーターフットプリントの品目比較

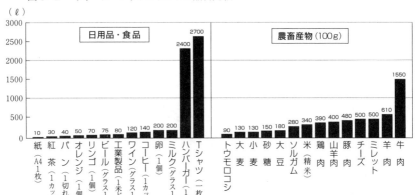

（注）紅茶（250ml, 茶葉3g）、パン（30g）、ビール（250ml）、コーヒー（125ml, 煎豆7g）、ミルク（200ml）、砂糖（サトウキビ製）。世界全体の平均値。農畜産物の単位は、原資料ではkgであるが日本の小売価格単位の100gに換算した。原資料は、Water footprint website（2008.12.18）。
（出所）「社会実情データ図録」（http.//www2.ttcn.ne.jp/honkawa）。

世界中の水を使用していることを意味している。

ところで、VWはあくまで仮想的な水計算である。もしも輸入しないで国内で生産するとしたらどれだけ水が必要になるかを考えて、生産しないで輸入しているのであるから、その生産に海外で必要になった水は仮想的に輸入しているという考え方である。それでは、生産で実際に必要となった水の指標はないのか、それが「ウォーターフットプリント（Water Footprint）」（以下「WF」と略す）という指標である。WFは食料だけでなく、様々な生産物の生産、加工、流通を通したライフサイクル全体にわたって必要となった水の総量を表している。例えば、ヨーロッパのWater Footprint Networkの試算では、コーヒー1杯のWFは140ℓ、ミルク1ℓのWFは1,000ℓ、牛肉1kgのWFは13,000ℓ … といった具合である[2]。

しかし沖大幹グループによると、日本の全体としてのWFはVWよりも少な

（2）http://www.waterfootprint.org/?page=files/home を参照されたい。沖（2012）にもVWとWFの相違が説明されている。

いという。それは、例えば日本がアメリカから飼料として大量に輸入しているトウモロコシは、アメリカの方が大規模経営によって単位収穫量（単収）が大きく、牛肉もアメリカの方が単位当たりの放牧率が高いことによる。しかしいずれの指標であれ、日本の大量の食料輸入によって、輸出国の環境負荷が大きくなっていることは確かである。農業大国である食料輸出国にとっては、日本のこのような大量輸入もこれまでは大歓迎だったに違いない。しかし、途上国の工業化、都市化、人口爆発、さらには地下水位が低下するほどに水不足に陥っている国も増え、このような膨大な輸入は持続可能であるとはいえない状況になってきている[3]。

2　水資源の確保・涵養と森林

　前節のＶＷやＷＦが明らかにしているように、われわれの生活は一見関係がないように思えても、実は背後で様々な水の使用を前提としている[4]。直接に水を輸入していなくても、農産物の生産国では多大な水を必要としているのである。そして、世界では今後、途上国を中心に人口が激増して90億を超えることも予想されており、これに伴って水需要も大きく増加することが確実な状況である。図6-3のOECD世界水需要予測によれば、2050年には2000年の55％も増加するとされている。

　ところが水は、地下水、水蒸気、雨・雪、海水等に姿を変えつつも地球全体としては一定で、全体の97.5％が海水、淡水は残りのわずか2.5％に過ぎないといわれている。しかも、淡水といってもその半分以上は南極の氷や氷河になっており、地下水はわずか0.8％、河川・湖沼の水に至っては0.01％である。貴重な水資源の使用方法を検討し、無駄を節約するとともに、保全・涵養に務めてゆかねばならない。

　そこで、日本という国土を考えてみよう。日本の年間降水量は1,700mm近く

（3）世界の水事情については、沖（2012）の他にもマギー・ブラック（2010）参照。
（4）食農関係外の企業であっても水リスクは存在する。例えば、橋本（2014）を参照。

II 現代の食料流通と環境問題

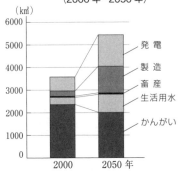

図6-3 世界の水需要予測
(2000年-2050年)

(出所) 国土交通省『日本の水資源』(平成26年版)より。原資料は『OECD Environmental Outlook to 2050』(2013)。

表6-2 森林の多面的機能の貨幣評価額

森林の持つ機能	評価額(億円)
表面侵食防止	282,565
水質浄化	146,361
水資源貯留	87,407
表層崩壊防止	84,421
洪水緩和	64,686
保健・レクリエーション	22,546
二酸化炭素吸収	12,391
化石燃料代替エネルギー	2,261
合　計	702,638

(出所) 林野庁HP：日本学術会議答申（森林の有する機能の定量的評価）より。

達し、インドネシアやフィリピン等に次ぐ多さとなっており、そういう点では恵まれている。しかし、日本は国土面積が狭く、山岳地帯が国土の7割近くを占めているため河川が急峻であり、河川の流れが緩やかな欧州諸国の大河と比較すればよくわかるが、一度降った雨水は急流となって海に出て行ってしまう傾向にある。かつてはダムを作ってこの水を堰き止め、灌漑用水や飲み水、水力発電等に用いていたが、ダム建設に伴う自然破壊、生態系破壊が問題になってからは、あまり行われていない。最近では、むしろ「緑のダム」といわれる森林を活用して、水源の涵養が行われている[5]。森林には、水源涵養機能ばかりか、土砂災害を防止する国土保全機能、光合成によって二酸化炭素を吸収・固定する地球温暖化機能、生態系を保全する生物多様性保全機能（後述）等があり、これらはまとめて「森林の多面的機能」といわれている。その機能は、金額にして70兆円を超えるということまで貨幣換算されているが（表6-2）、生物多様性保全機能までは含まれていないため、実際にはさらに多くの価値のあるものと思われる。

このように、日本で水を守るためには、森林を維持・向上させなくてはな

---

(5) 蔵治・保屋野編（2014）等を参照。

図6-4 木材自給率の推移

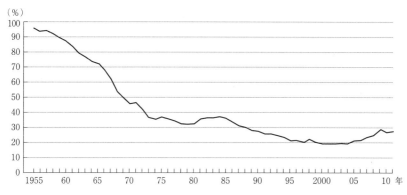

(出所)林野庁『木材需給表』(平成25年)より作成。

らないが、それには「植栽」、「下刈り」、「間伐」等の森林管理が必要である。ここで、「植栽」とは苗を植え付けることであり、「下刈り」とは植栽された木に日光が当たるように雑草等を刈り払うことである。また「間伐」とは、樹木の成長に応じてその一部を伐採することによって密度を調整することである。間伐によって、残存する木の成長が促され、また光や風の通りが良くなって下草が繁茂し、表土の流出を防ぐようになる。

ところが実際には、日本の森林管理はいくつかの問題を抱えている。その大きな1つは、大幅な木材自給率の低下である(図6-4)。戦後の復興需要のなかで政府は「拡大造林政策」を採って、雑木林や天然林を針葉樹中心の人工林に置き換えてきたが、1964年に木材輸入の全面自由化がなされると、外材の輸入が急速に増え、国産材は売れないために価格が低迷し、林業経営は悪化の一途を辿った。こうして、森林面積が国土の約7割も占める日本の木材は、8割が外材であるという皮肉な結果となり、伐採されない不良債権化した膨大な人工林と、赤字経営のみが残ることとなった[6]。それに伴って、間伐等の森林整備や主伐(収穫伐採)・搬出費用も賄うことができず、就業者の流出による後継者不足と人口高齢化も生じるようになっており、最近では「限界集落」という言葉さえ生まれている。

---

(6)例えば、田中(2007)(2011)が参考になる。

Ⅱ　現代の食料流通と環境問題

　もちろん、対策がないわけではない。農林水産省は2011年に「森林・林業再生プラン」を公表し、2020年までに木材自給率50％を目標に、搬出道路網の整備や機械の高度化、森林組合の改革や民間事業体の育成、技術者の養成、国産材の加工・流通体制の整備や木材利用の拡大等の施策を実施しようとしている。

　また、地方自治体でも黙って手をこまねいている訳ではない。2003年に高知県で「森林環境税」が初めて導入されて以来、「水源税」や「水源涵養税」といった名称のものも含め、30を超える県で市民による直接の税負担が普及してきている。目的税を課すことによって、森林荒廃を防止するための人工林の間伐や、森林環境学習、森林保全ボランティア活動への支援なども行われている。とりわけ神奈川県の「水源環境を保全・再生するための個人県民税超過課税」（1人当たり平均負担年額約950円）は、他県の森林環境税とは多少異なり、水の循環機能全体を保全・再生するという視点に立っており、森林保全に加え、生活排水対策や地下水保全なども含んでいる。そして水量の安定的確保と水質保全の両面から、総合的な施策体系を作り上げようとしているため、「森林保全」は水循環機能を守るための一施策として位置づけられている。

　このように、食農の背後には水の存在があり、そしてその水資源を涵養するためには森林が重要であるが、現状では林業は残念ながら衰退しており、これ

【コラム】バーチャルウォーターのWeb計算機

　環境省HPのVWコーナーには、料理に用いた食材から、料理全体としてのVWを自動で計算する計算機が掲載されており、一度試みられたい。
(http://www.env.go.jp/water/virtual_water/kyouzai.html)

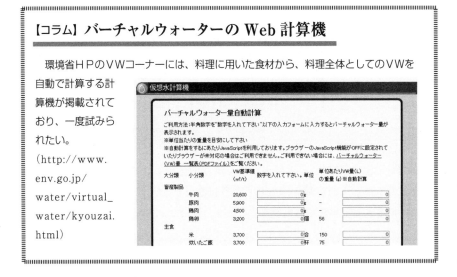

をどう活性化していくかが問われている。森林環境税のような税、あるいは「ふるさと納税」のような寄付金を財源に様々な森林対策を行う自治体の施策も重要であるが、民間の林業関連企業に利益の出る仕組み作りも必要だろう[7]。

次節では、水から生物多様性という問題に視点を変えて、環境との関わりについて考察してみよう。

3　生物多様性の危機と里地里山保全

1992年にリオ・デジャネイロで開催された「地球サミット」で「生物多様性条約」が締結され、日本でも2010年に名古屋で「生物多様性条約第10回締約国会議」（COP10）が開催されてから、「生物多様性」という言葉が専門家だけではなく一般にも広まった。そして、その生物多様性が現在危機であるという。これはどういうことだろうか、われわれの生活とどう関わりを持つのだろうか[8]。

生物多様性とは、「生態系」、「種」、「遺伝子」のそれぞれに差異があって、多様であることを意味している。まず「生態系の多様性」とは、森林や河川、湿地等、様々な種類の生態系が存在していることである。そして生態系には、それぞれの環境にあった様々な生物種が存在しており、これが「種の多様性」と呼ばれる。そして同じ種のなかでも体長や体重が異なり、性質も多様であるなどの遺伝的差異があることを「遺伝子の多様性」という。様々な病原菌、ウィルス等に対処する上でも、遺伝子の多様性は必要不可欠であるといわれている。

とりわけ人間の生活は、この生物多様性の上に成り立っており、生態系から様々な恩恵を被っている。この恩恵のことを「生態系サービス」と呼んでいる[9]。図6-5のように、「生態系サービス」には4つのサービスがあるが、とりわけすべてのサービスの基本となるのが「基盤サービス」である。

（7）藻谷（2013）や奥（2005）は、バイオマス資源利用からの活性化を提案している。
（8）生物多様性については、例えば、井田（2010）や枝廣（2011）を参照。
（9）国連ミレニアムエコシステム評価編（2007）や井田（2010）を参照。

Ⅱ　現代の食料流通と環境問題

図6-5　生態系サービスと人間の福利の関係

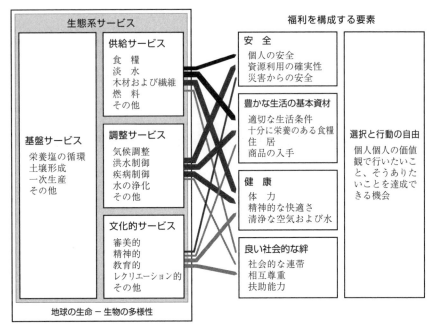

（出所）横浜国立大学21世紀COE翻訳委員会訳『生態系サービスと人類の将来』（オーム社、2007年）より。

　「基盤サービス」とは、光合成による酸素の生成・供給をはじめとして、栄養や水の循環、土壌の形成等のすべての基本となるサービスであり、この上に他の3つのサービスが成り立っている。

　「供給サービス」とは、食料や繊維、燃料、木材、薬品、水等、人間生活に重要な資源を供給するサービスを意味している。とりわけ本書の対象である食農や水は、まさにこのサービスによって提供されており、人類の生存にとって直接に重要なサービスである。さらに既存の資源利用はもちろんのこと、現在は未発見、未利用だが将来は有用となるかもしれない生物資源があるかもしれず、そういう点からも生物多様性は重要である。

また「調整サービス」とは、森林によって気候が調整され、洪水が起こりにくくなり、また水も浄化されるなど、環境を調整するサービスのことである。これらの調整を人工的に実施すると膨大なコストが見積もられるということは、逆に生物多様性の恩恵がいかに巨大なものであるかがわかる。

最後に、「文化的サービス」とは、審美的楽しみや精神的くつろぎ、レクリエーション等の機会を与えるサービスであり、文化的・宗教的な基礎となっている。人間生活は衣食住だけではなく精神的・文化的な側面も必要であり、生物多様性はそうした面にも貢献していることになる。

このようにかけがえのない生物多様性であるが、現在それは過去6億年で6度目の大量絶滅時代に入ったといわれている。1年に約4万種もの生物種が、人間活動が原因で絶滅しつつあると推測されている。この原因は様々で、例えば開発のための森林伐採、大量の窒素肥料による水質悪化と環境汚染、ダム建

【コラム】ミツバチの絶滅？

主に1990年代以降、世界中でミツバチの大量死が報告されている。日本でも、同様に2000年以降に各都道府県で被害が相次いでいる。地球温暖化やダニ等の天敵被害、ストレス等の様々な要因が考えられているが、主要因はネオニコチノイド系農薬ではないかとする説が有力となってきている（岡田(2014)参照）。

ミツバチの受粉活動に頼って栽培・収穫される野菜・果実は実に多い。レタス、タマネギ、キュウリ、ナス、トマト、カボチャ、イチゴ、メロン、ナシ、リンゴ等々。アメリカでは、食料のおよそ3割がミツバチの受粉に依存しているといわれている。それが不可能となった場合の被害は甚大である。逆に、生態系サービスのなかの「供給サービス」に我々がいかに恩恵を被っているかを痛感させられる。すべてを人工的に生産できるわけではないし、そもそも我々は自然の摂理のなかで生きているのである。

稲の穂が出る頃、カメムシによる斑点がコメに出るのを防ぐためにネオニコチノイド系農薬が散布されるが、日本のミツバチの多くはこの犠牲となったらしい。一方、ネオニコチノイドは葉や根、茎等への浸透性、殺虫効果が高いために重宝されている現実がある。しかし、人間、特に子供への神経毒性も疑われており、農薬の削減やその代替策を早急に検討すべきだろう。

Ⅱ　現代の食料流通と環境問題

里地の風景（大阪府高槻市の摂津峡）

設や干拓・埋め立てによる土地開発、動植物の乱獲、侵略的外来種進入による在来種の減少、そして地球温暖化の様々な影響等がある。生物の生息環境や生息数等を考慮しない乱開発や乱獲はもちろん世界的な問題であるが、日本ではとりわけ里地・里山のあり方が問題となっている。それは乱開発とは逆に、人の手が入らなくなって放棄、荒廃している農山村の現状が関与している。

里地・里山の厳密な定義は難しいが、里山は奥山（山地）と平野の間の人によって管理されている野山であり、里地とは里山に平野や農地、水辺などを含めた概念であり、上の写真のようなイメージを思い浮かべれば良いだろう[10]。

かつては里地・里山は生活や産業の基盤であり、農産物の栽培や狩猟、あるいは材木や薪炭を生産する場であった。ところが戦後、とくに高度成長期以降、石油製品による燃料としての薪炭の代替、食生活の変容と自給率の低下、耕作放棄地の増加、国産材から輸入外材への代替、人口の都市部への流出と過疎・高齢化の進行、ゴルフ場の乱開発等に伴って、里地・里山には徐々に人が入らなくなってしまい、手入れが行き届かなくなっていった。森林の衰退が水資源の涵養に与える悪影響についてはすでに述べたが、さらに森林も含めた里地・里山の荒廃が生物多様性に与えている悪影響も大きく、「供給サービス」機能の低下が懸念されており、その時は食や農、薬品等にも影響が及ぶだろう。

（10）里地・里山の定義や現状については、武内等（2001）や鷲谷（2011）参照。

第6章　食農を支える生態系環境

4　農林水産業の「多面的機能」

　このように、食農の根本をなす「水」や「生物多様性」は環境があってこそのものであって、逆に環境が保全・涵養されないと農林水産物にも早晩悪影響が出てくるだろう。そして農林水産業には、農林水産物を作るだけではなく、むしろその栽培や耕作、飼育、伐採等を通して、逆にその生態系環境を作ってゆく効果・役割もある。これこそが農林水産業の「多面的機能」あるいは「多面的価値」といわれているものである。

　農林水産省もＨＰのなかで、農業・農村の多面的機能とは「国土の保全、水源の涵養、自然環境の保全、良好な景観の形成、文化の伝承等、農村で農業生産活動が行われることにより生ずる、食料その他の農産物の供給の機能以外の多面にわたる機能」のことをいうとしている。図6-6を見てもわかるように、例えば水田は雨水を蓄え、洪水や土砂崩れを防ぎ、また多様な生きものを育ん

図6-6　農業・農村の多面的機能

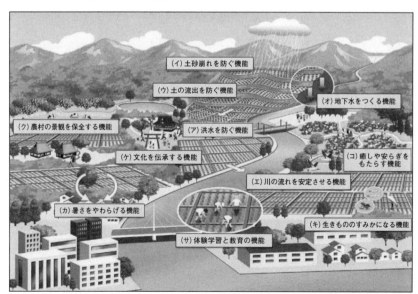

（出所）農林水産省ＨＰ（http://www.maff.go.jp/j/nousin/noukan/nougyo_kinou/）より。

でいる。こうした農林水産業の多面的機能によって、生物多様性をはじめ生態系環境が保全され、それがまた生態系サービスとして人間の役に立っているわけである。

　ところが、前節の里地・里山で指摘したように、林業も含めて農業・農村がこのような「多面的機能」を発揮できなくなるほど停滞してきている。農村に居住する人口が減り、農業従事者の高齢化、後継者不足等により、持続的な生産・維持活動が低下してきているためである。耕作放棄地や限界集落の増加といった現象にもその影響が表れている。農林水産省のHPにも、地域ぐるみで農業・農村の「多面的機能」を守る取組を行っている全国の様々な事例が紹介されているが、まだまだといったところである。農林水産物の生産面だけではなく、需要・消費面等も含めフードシステム全体にわたる支援も必要である。

むすび ── 日本の食農の環境持続可能性

　今日、日本の食や農は、環境の点からも持続可能ではない状態に陥っている。旬でない季節外れのものを生産し、世界中から多大なエネルギーをかけて食材を輸入し、大量に廃棄している現代の食生活は、環境への負荷を少しでも低減するために大いに改善の必要があるだろう。環境負荷の低減だけではなく、さらに積極的な環境の再生・保全に乗り出さないと、「生物多様性」や「多面的機能」による恵みも得られなくなってしまうことを認識すべきである。

　もともと、地域にはその地域独自の風土・環境・文化があり、食文化もそれを背景として成立・展開してきたはずである。しかし戦後、それを無視した急激な食の欧風化、グローバル化、ファストフード化が進行したために輸入が激増し、逆に自給率が低下し、農林水産業は持続不可能となっている。「日本は工業国なのだから、工業製品を輸出し、食品は輸入すればよい」というきわめて単純な発想も蔓延しているが、それでは日本の農林水産業は崩壊してしまう。農林水産業の持つ多彩な環境機能を考えるならば、日本の農林水産業の空洞化がさらに進展するときは、日本は住める国ではなくなってしまう。農林水産業

を工業と同一視したり、単に生産性のみで比較したりするような単純な思考は慎むべきであろう[11]。地産地消やスローフードなどの食育や環境教育によって、一方で国内生産物への需要を高め、農林水産業を再興し、地域農山村を活性化するとともに、地域・環境保全の担い手を育成してゆくことが不可欠である。

（参考文献）

E・トッド他（2011）『自由貿易という幻想』藤原書店。
井田徹治（2010）『生物多様性とは何か』岩波書店。
枝廣淳子（2011）『私たちにたいせつな生物多様性のはなし』かんき出版。
岡田幹治（2014）『ミツバチ大量死は警告する』集英社。
沖　大幹（2012）『水危機 ほんとうの話』新潮社。
奥　彬（2005）『バイオマス』日本評論社。
蔵治光一郎・保屋野初子編（2014）『緑のダムの科学』築地書館。
国連ミレニアムエコシステム評価編（2007）『生態系サービスと人類の将来』オーム社。
篠原　孝（2003）『農的循環社会への道』創森社。
関　良基（2012）『自由貿易神話解体新書』花伝社。
武内和彦・鷲谷いづみ・恒川篤史編（2001）『里山の環境学』東京大学出版会。
田中淳夫（2007）『森林からのニッポン再生』平凡社。
田中淳夫（2011）『森林異変――日本の林業に未来はあるか』平凡社。
橋本淳司（2014）『いちばんわかる企業の水リスク』誠文堂新光社。
Maggie Black, Jannet King（2010）『水の世界地図 第2版』丸善。
藻谷浩介（2013）『里山資本主義』角川書店。
鷲谷いづみ（2011）『さとやま――生物多様性と生態系模様』岩波書店。

---

[11] トッド（2011）や関（2012）を参照されたい。

第7章 自然環境と生活環境を守る
—— 消費者運動と流通業の課題

杉本貴志

1 コープ・ユナイテッド2012

　消費者の要求に応えるべき流通業の使命とは何だろうか。顧客満足を最大限に高めることに努め、結果的に大勢の客を集めて売り上げを伸ばす企業こそが"いい企業"だと通常は考えられている。

　ところが、実際に世の中に存在するのは、そのような企業ばかりではない。産業廃棄物を再利用して食品として売るような言語道断の企業さえ未だに出現しているが、いまから200年前、自由競争の市場経済が確立した産業革命の時代には、偽装や混ぜ物など詐欺まがいのインチキな食品を消費者に売りつける悪徳業者がいま以上に多く存在した。石灰が混ぜられた小麦粉や、不純物が混入し、薬品で白く染められたパンを売りつけられても、"ツケ"をためている消費者は小売商に文句を言うことができなかったし、パンに次いで支出額が多かった肉にしても、労働者層が利用するような街路商で売られる肉の質はしばしば腐っていたり、病死した牛の肉だったり、きわめて劣悪であったといわれている。

　そうした時代に労働者たちによって"自分たちの店"として設立された協同組合店舗は、今日でいう生協の先駆けである。その代表的存在である「ロッチデール公正先駆者組合」（1848年創立）は、「混ぜ物はせず、純良な品質のものしか売らない」「目方はたっぷりとり、量でもごまかさない」ことを自分たちの店のポリシーとしていた。「組合の方針は組合員が1人1票制で決める」（民主主義の原則）、「生じた剰余は組合の利用高に比例して組合員に還元する」（利用高割り戻しの原則）、「利益の2.5％を教育のための資金として用いる」

第7章　自然環境と生活環境を守る——消費者運動と流通業の課題

（教育重視の原則）といったその他の原則と並び、この「正直で公正な商売・取引を行う」という原則は、今日では「ロッチデール原則」と呼ばれ、協同組合の基本をなす原則とみなされている。

　イギリスから始まった協同組合運動は、ロッチデール原則を共通の理念・共通の経営方針とすることで世界中に普及し、現在では世界最大の民間組織・運動体に成長したのである。日本でも、農協（農業協同組合）、漁協（漁業協同組合）、森林組合、信用組合、労働者協同組合などさまざまな協同組合が活躍しているが、そのなかでも生協（消費生活協同組合）は組合員数において最大の規模を誇り、いまや日本の全世帯の3分の1以上がその地域の生協に加入するまでに組織化を進めた。そのもっともよく知られるモットー、キャッチフレーズは、「安心・安全」である。

　こうした協同組合の活躍を高く評価した国連総会は、2012年を「国際協同組合年」と定めた。世界各国でこれを記念してさまざまな集会が開かれ、出版物が刊行されているが、それを締めくくる世界規模のイベントとして英国のマンチェスターで開催されたのが「コープ・ユナイテッド2012」である。この催しは、世界中の協同組合で組織される「国際協同組合同盟（ICA）」の諸会議や、世界中の協同組合が自分たちの活動を国別に展示する「コープ・エキスポ」から成り立ち、世界88か国から集った1万2605人の参加者が交流を深める機会となった。

　しかし、「食の安心・安全」を追求することこそ生協の使命であり、世界の協同組合がそれにどう取り組んでいるかに関心を持ってこの催しに参加した人は、イギリスなど先進諸国の生協運動がそこからさらに進んだ事業と運動を展開していることに感銘を受けたに違いない。

　ICAとともに主催者となったイギリスの協同組合が展示や会議のプレゼンテーションで中心的にアピールしていたのは、自分たちがいかに安全で安価な食品を消費者組合員に提供しているかではなく、自分たちの協同組合が「コミュニティの持続的な発展」にいかに貢献するか、であった。

　例えば、イギリスでは高齢化の進行とともに世界に誇る無料医療制度（NHS）が危機的な状態にある。公的な無料医療システムであるNHSと高額の私費診療とが併存しているイギリスでは、高齢社会の到来でNHSの財政負担が莫大

なものとなるだけでなく、報酬が相対的に低くなるNHSで診療をしようという医師や歯科医師を確保することが次第に困難となっており、地域によってはNHS医療施設で受診するために患者が長期間待たされるなど、世界に先駆けてつくりあげた「揺りかごから墓場まで」の医療福祉システムの根幹が揺らいでいるのである。そこで協同組合陣営は、NHS医療施設の経営を協同組合によって引き受けようと乗り出した。コストの削減とコミュニティにおける公的サービスとしての質や性格の維持との両立を図るためには、官僚的な組織であり続けることでも、営利企業化することでもなく、「民間」であるけれども「非営利」であるという協同組合方式が有効であるという判断である。

　これは郵政民営化についても同様であって、郵便事業にも赤字削減が求められるようになり、地方を中心とした赤字の郵便局が次々に閉鎖されたことにより、イギリスの多くのコミュニティでは住民の生活に多大な支障が生じていた。イギリスの郵便局のなかには、一種の雑貨屋として、郵便や金融のサービスを提供するだけでなく、文房具や食品等を販売したり、クリーニングのサービスを行ったりする局が多くある。巨大なスーパーマーケット・チェーンの大型店攻勢によって地域の個人商店が壊滅的な打撃を受けた町や村では、郵便局が住民のニーズをみたす最後の砦として機能している地域も多々あったが、その郵便局が効率優先の政策によって次々に閉鎖されてしまう。そこで協同組合陣営は、郵便局の運営を自分たちで引き受けることとしたのである。イギリス協同組合の「郵便局併設型店舗」は今世紀になってその数を激増させている。

　そのほかにも、後述する「フェアトレード商品」が会場では大々的に展示・宣伝され、われわれ協同組合は、商品の価格の安さではなく、発展途上国の生産者やそのコミュニティの支援を追求するのだというアピールが、当然のようにあちこちで展開されていた。

　「コープ・ユナイテッド2012」で展開されていた光景は、買い物をする商店が"いいもの"を"安く"売ってくれないから消費者が立ち上がり、自分たちの店「生協」をつくって消費生活を豊かにしようとしたのだと協同組合を解釈する人には、なかなか理解できないものだったかもしれない。なぜ、協同組合が病院経営や郵便局の開設、フェアトレード商品の普及など、コストがかかる事業をわざわざ引き受けなければならないのか。そんなことをしていては、余

第7章　自然環境と生活環境を守る——消費者運動と流通業の課題

計なコストがかかり、それが売価にも跳ね返ってくるのではないか。
　イギリスなど先進世界の協同組合は、いまや個々人の利益だけを追求する存在ではなくなっているというのが、その答えとなるだろう。イギリスの生協は、消費者の組織であるけれども、消費者個々のニーズを越えて、「コミュニティのニーズ」を充たすことを積極的に図っている。
　消費者運動や流通業に、いま新しく求められているのは、こうした視点と取り組みなのである。

2　生活する環境を守る流通業

　高品質のものを手軽な価格で供給すること。19世紀の少なからぬ企業・商店が顧客を欺いて儲けようとしていたのに対して、20世紀の優良な小売業はこうした新しいやり方を採用し、顧客の支持を得て、結果的に利益を確保することに成功した。いまや安全な品物を低価格で供給することに努めることは、小売業として当たり前のこととなっている。
　それは消費者運動と市場競争によってもたらされた小売業の進歩であるが、この新たに到達した水準の上に立った流通業が次の21世紀にめざすべき目標とはどのようなものだろうか。
　「コープ・ユナイテッド2012」で協同組合陣営が示していた方向性は、営利企業にとっても大いに参考となるものであろう。それまでは専ら個々の組合員（消費者）の消費生活（買い物）上の利益をいかに確保するかに集中してきた生協が、そればかりではなく、コミュニティをいかに維持していくか、その維持に協同組合がいかに関わっていくかをアピールしていた。それは、協同組合の国際組織「国際協同組合同盟」が1995年に「協同組合はコミュニティの持続的発展に責任を持つ」という宣言を発したことによっている（「協同組合のアイデンティティに関する声明」）。
　こうした姿勢が、非営利企業である協同組合だけでなく、営利活動に加えて社会的貢献を果たすことが今や当然視されている営利企業においても、今後ますますもとめられることとなるだろう。そのひとつとしてあげられるのが、環

境問題への対処である。日本においても、すでに1980～90年代から、先進的な流通業では環境保護・資源保護問題に対する積極的な取り組みが試みられている。そのなかでも、われわれ消費者にとって最も身近なのは、スーパーマーケットにおけるレジ袋削減の取り組みである。

　買い物の際には買い物かごを持参するのが当然視されていた日本の習慣は、戦後の高度経済成長の中でいつのまにか廃れ、1970年代にはセルフサービス制のスーパーマーケットをはじめとする小売業で、買い物客には店が紙袋を提供するのが一般的となっていた。これが1980年代には、ポリエチレン製の、いわゆるレジ袋に完全に取って代わられる。しかし、石油に由来するレジ袋を使い捨てで使用することは、石油資源の保護という点でも、焼却時の環境への影響という点でも、望ましいことではない。資源や環境の保護に関心を持つ人々の間では、いちはやく使い捨てレジ袋の問題点とその削減の必要性が指摘されていた。小売業の経営者にとっても、レジ袋の提供にかかるコストは全体では相当なものとなるから、その削減や廃止は経営上も本来は歓迎すべきことだったはずだが、問題はそれが消費者に対するサービスの低下と受け取られるのではないかという懸念だった。

　原理的に考えれば、レジ袋のコストは販売商品の価格に結局は転嫁されるのだから、それを有料化するなどの措置が講じられたとしても、消費者が損をするということにはならないはずである。しかし、何も持たずに買い物に行っても何の不便もなく"無料"で袋がもらえるという状態に慣れてしまった日本の消費者のなかには、レジ袋の廃止や有料化に対する抵抗感が実際相当強かった。そんな状況では、自治体が条例によって全ての業者に義務づけるなどしない限り、自社だけが他に率先してレジ袋の有料化に取り組むわけにはいかないという企業が、1990年代にはまだほとんどを占めていたのである。

　それでも、生協のほか少数の業者から始まった廃止・有料化の波は、業者によるさまざまな形での導入と呼びかけ、消費者や行政による啓発の運動、「エコバッグ」と名付けた繰り返し使用可能な買い物袋の普及とともに、徐々にではあるが広がっていく。2010年代後半の今日、レジ袋削減に取り組んでいないスーパーマーケットはめったに見られない。"袋は不要です"という意思表示カードがレジのそばに備え付けられているのが、どこのスーパーでも一般的

第7章　自然環境と生活環境を守る——消費者運動と流通業の課題

に見られる、すっかりお馴染の光景となっている。そして多くのスーパーで、レジ袋を受け取らず、持参の袋で済ませる消費者がいまや多数派となっているのである。

　レジ袋の削減をめぐるこうした経緯は、小売流通業が顧客個人の便益を越えた社会的課題の解決にいかに貢献するかという、21世紀に課せられた課題を考える際にも参考となるものだろう。

　生協に集うような環境問題への意識が高い消費者層はともかく、一般の消費者には、レジ袋を有料化することがいかに自分の利益につながるのかということは、なかなか見えてこないだろう。社会的には必要なことであっても、顧客個人にとってはむしろ不便をかけ、その利益を損なうかのようにも見える施策に、企業としてどう取り組むのか。そんなことは政府や自治体が考えるべきことであり、私企業はただそれに従うだけだというのは、19世紀や20世紀には通用したかもしれないが、21世紀の成熟した社会には通じない。CSR（社会的責任経営）を余技ではなく本務の重要な一つとして受け止めるべき21世紀の企業においては、そうした取り組みをどうすれば顧客に抵抗なく受け入れてもらうのか、それを考え、実行することがもとめられる。レジ袋削減の例でいえば、上述したようなカードを準備してレジ袋が不要という客が意思表示をしやすいように導いたり、ポイント制を導入して消費者の節約意欲を掻き立てたりするなど、小売業というビジネスの中でレジ袋削減の工夫を凝らした先進的な業者が存在し、やがてはそれに他社が続々と追随していったことが、問題意識を強くもった消費者の存在とともに、運動の普及の要因として上げられる。

　流通業でもメーカーでも、日本の企業においてはCSRのなかでもとくに環境問題や資源問題に対しては早くから取り組みが始まったという歴史がある。洗剤・石鹸メーカーは、琵琶湖に代表される湖や河川、海洋の汚染を食い止めようと家庭排水に着目し、商品の改良と普及に努めてきたし、食品・飲料メーカーはペットボトルや包装トレイの爆発的な普及に対して、リサイクルしやすいものへとその規格をあらため、リユースが可能な新素材の開発にも取り組んでいる。それを後押しするような品揃えを流通業者がアピールしたり、回収システムを店頭に備えて積極的な参加を呼びかけたりしているのも、今や見慣れた光景であろう。

Ⅱ　現代日本の食料流通と環境問題

　そして、こうした地球環境＝自然環境問題に加えて、より幅広く「生活環境」を守るための取り組みが、近年新たに流通業に求められるようになってきた。極端な高齢化の進行と流通業の寡占化、モータリゼーションの進展に伴い、山間部のみならず都市部においても買い物困難地域・買い物困難者が大量に生み出されたことに対して、さまざまな方法で流通業が「買い物支援」に取り組むことが要請されているのである。

　商売の論理だけでいえば、買い物困難地域とはすなわち店舗が撤退せざるを得なかった地域であり、要するに商売をしても"儲からない"地域である。人口の移動であったり、郊外大型店の出店であったり、商店経営の後継者難であったり、理由はさまざまであるが、利益を出すだけの需要がそこには見込めないから、そこには店がなくなったのであろうから、そこで物を売ることはおそらく利益には結びつかない。しかし、そこに少数ではあっても消費者が存在すること、その人たちに誰かが物資を供給しなければその人たちは生きていけないこともまた明らかである。

　企業は利益だけを追求していればいいという考え方からすれば、そんなことは行政の責任であって企業のビジネスには関係ないということになる。流通業は顧客満足度を高めることに専念すべきだというのであれば、現時点では顧客ではない買い物困難者への赤字事業に乗り出すことによって、むしろ顧客に与える便益は低下するのだから、そんな事業は絶対に始めるべきではないということになろう。

　しかし、行政が生活物資を継続的に供給することなど実際問題として不可能である。それができるのは流通業者しかいない。そもそもこの問題が生まれてしまった大きな要因は、流通業のあり方にももとめられる。それなりに生活ができていた地域の買い物環境を破壊したのは、ほかならぬ流通業ではなかったか。とくに大手流通業者には、自らが発生・拡大要因の一つともなった買い物困難者問題に、自社の社会的責任の一環として取り組む責任があるのではないか。ここ数年、「コミュニティの持続的発展に責任を持つ」と宣言した生協のみならず、スーパーマーケットなど多くの小売業者が「買い物弱者」「買い物難民」とも呼ばれる人々に対して、行政の支援も受けながら、買い物バスの運行、移動販売車の派遣、宅配、ネットスーパー等々さまざまな方法で買い物支

第7章　自然環境と生活環境を守る——消費者運動と流通業の課題

援を展開している。

消費者への責任から、消費者が暮らすコミュニティ・環境への責任へと、流通業にもとめられる射程は拡大しているのである。

3　第三世界の生産・生活環境を守る流通

日本のスーパーマーケット各社は、自社オリジナルのエコバッグを低価格で消費者に提供し、レジ袋の削減を訴え、促していたが、英国のスーパーにおいても、繰り返し使うことができるこうしたバッグがレジ横などで販売されているのはよく見られる光景である。

図7-1はその一例で、これはイギリスの生活協同組合が約1ポンドで販売していたエコバッグである。

綿でつくられたこの袋は、薄くて軽いけれども何度も繰り返し使えるということで環境にやさしいということをひとつのアピールポイントとしているが、この袋にはもうひとつ特徴がある。表面に印刷されているように、これはイギリスのスーパーマーケット業界では初めての、フェアトレード・コットンで作られたエコバッグなのである。

綿製品は綿花から加工して作られる。そして綿花は、コーヒーやカカオ（チョコレートやココアの原材料）、バナナなどと同じく、その多くが発展途上国で栽培されている。こうした国々において生産者たちは、自らはほとんど消費することがないこれらの作物を、専ら先進国に輸出して売るために生産しているのである。ところが、食生活や服飾文化が豊かになるにつれ

図7-1　英国生協のフェアトレード・コットン製エコバッグ

Ⅱ 現代日本の食料流通と環境問題

て、コーヒーやチョコレートや果物の消費が増え、ファッションを楽しむために所有する衣料も間違いなく増大しているはずであるのに、その原料を生産する人々の暮らしはいっこうに改善されていないという状況が多々存在している。生産物がどんどん売れているのに、豊かになるのは買い手である先進国の消費者であり、売り手である途上国の人々の生活はそれに追いつくどころか、格差がむしろ拡大しているという面もある。これはどういうことなのか。

市場経済において、原理的には売り手と買い手とは対等である。双方の利益が一致した点で価格と数量は決まり、どちらかが一方的に損をしたり得をしたりすることはないのが自由な競争経済、自由貿易体制であるということになっているが、現実は決してそうはなっていない。先進諸国と第三世界（途上国）の南北格差問題はそれを如実に示している。第三世界の生産者は、先進国に輸出しなければ、言い換えれば先進国が買ってくれなければ、全く収入を得ることができない。しかし先進国の買い手側には、極端な不作状態にでもならない限り、いくらでも仕入れ先はあり、選択の余地がある。植民地経済の遺産を受け継ぐ国際分業体制は、そのような不公平な構造となっているのである。

この構造によって、第三世界の生産者たちは先進国の輸入業者による"買い叩き"に常に苦しめられてきた。多くの生産者が、家族総出で朝から晩まで懸命に働いても貧困から脱出することが全くできない状態に陥っている。言い換えれば、彼らはその労働の結晶である生産物に対して、受け取るべき正当な対価を受け取っていない。つまり、彼らは自由貿易という名の不公平な貿易体制の犠牲者だということができる。

フェアトレード（公平貿易）は、このように考えた先進国の消費者たちと第三世界の生産者たちがつくりあげた、自由貿易体制とは別の選択肢としての新しい貿易システムである。

先進国に一方的に有利な貿易のあり方を問題視し、それに代わる貿易のあり方を模索する動きが、ヨーロッパでは1950年代から散発的に始まっていたが、1980年代になると、認証制度を設け、それをラベルで表示することで誰にでもわかりやすい形で公平な貿易を推進しようというフェアトレード運動が国際的に展開されるようになった。今日では、FLO（フェアトレード・インターナショナル）、WFTO（世界フェアトレード組織）、EFTA（ヨーロッ

第7章　自然環境と生活環境を守る——消費者運動と流通業の課題

パ・フェアトレード連盟）の3つの国際団体によって、フェアトレードは次のように規定されている。

「フェアトレードは、対話と透明性と敬意を基盤とし、より公平な条件下で国際貿易を行うことを目指す貿易パートナーシップである。弱い立場にある生産者や労働者、とくにいわゆる南側に対して、より良い貿易条件を提供し、彼らの権利を守ることにより、フェアトレードは持続可能な発展に貢献する。フェアトレード団体は（消費者の支持によって）生産者を支援し、問題意識を高め、従来の国際貿易のルールと慣行を変えるための戦略に積極的に取り組む。」

そして「国際フェアトレード基準」が定められ、この基準に合致していると認証された製品にはフェアトレード認証マークが貼付され、先進国の消費者が容易にそれを判別できる形でフェアトレード商品が小売店の店頭で販売されるのである（図7-2）。

図7-2　フェアトレード認証マークが付された英国生協のフェアトレード商品

　　　　左は、フェアトレード・チョコレート
　　　　右は、フェアトレード・ティー（紅茶）

国際フェアトレード基準は、生産者に支払う最低価格を保証し、それに加えてプレミアム（奨励金）を支払うこと、長期的に安定した取引を行うこと等を定めた「経済的基準」と、労働者の人権を尊重した安全な労働環境で作物・製品が作られること、児童労働を用いないことなどを定めた「社会的基準」、そして環境にやさしい産業でなければならないと定めた「環境的基準」の3つから成り立っている。つまり、この基準にパスしたフェアトレード商品は、第三世界の生産者が暮らすコミュニティの持続的発展に貢献する生産物であるとの証を受けたものであるということができるだろう。

それは、端的には価格面を見てみればわかるように、遠く離れた先進国で生活する消費者にとっては必ずしも直接的なメリットが感じられない商品であるかもしれない。先進国の経済力を背景に買い叩くようなことは決してしないフェアトレード商品は、一般的に言えば、通常市販されている同種・同等の商品にくらべて割高となることが多いだろう。それでも、消費者の熱心な支持を受けて、ヨーロッパの先進諸国の流通業者はフェアトレード商品の拡大に努めている。スイスでは、バナナのほとんどがフェアトレード商品で占められてり、そうでないバナナを見つけるのは困難である。イギリスでも、生協や大手スーパーマーケット・デパート業者が、チョコレート、紅茶、コーヒーなどを全面的にフェアトレード製品に切り替える決断を下している。コーヒーショップの大手スターバックスも、イギリス国内ではフェアトレードコーヒー以外のコーヒーは一切扱っていないのである。こうした業者の店頭には、われわれは第三世界の生産者を支援するのだという説明があちこちに誇らしげに掲示されている。そういうことに積極的でない企業は消費者の厳しい批判にさらされるという土壌・背景があることも指摘できるだろう。

4　倫理的消費

現在のフェアトレードには多くの問題点があることも指摘されている。フェアトレードが南北問題にとって万能薬となり、途上国の問題がそれですべて解決されるということはそもそも期待できないだろう。その限界をあれこれ指摘

第7章　自然環境と生活環境を守る——消費者運動と流通業の課題

することは容易だろうが、しかしこの取り組みは、南北格差という普通の消費者にはとても手が届かないと思われてきた問題にも、消費者という立場から普通の市民が何かできることがあるのではないかという貴重な問いかけとして受け止める必要があるだろう。そして流通業も、そこで何がしかの社会的貢献ができるのである。

　イギリスは、現在スイスと並んで世界でもフェアトレードがもっとも盛んな国であるが、20年前には全くといっていいほどこの運動に対する市民の間での認知度がなかった。その状態を変えたのが、消費者運動と生協など流通業に携わる人々の努力である。それは、より多くの代金を支払って産地を支援するという直接的な成果だけでなく、南北関係のあり方を普通の消費者が初めて真剣に考えるためのきっかけとなるという効果をももたらしている。

　消費によって世の中を変えることができる。すくなくとも、そのきっかけをつくることはできる。こうした考えに基づいて、フェアトレードや環境保護に取り組む企業を応援し、軍事産業に加担する企業や環境破壊をもたらす企業を批判するのが「倫理的消費」という考え方・運動である。商品の価格や品質だけでなく、企業の倫理的姿勢を基準にして商品を選択し、倫理的な買い物行動を心がけるエシカル・コンシューマーによって、市場競争を軸とする経済社会の弊害を正すのだという倫理的消費運動がイギリスなど先進国では急速に広まり、多くの企業がその影響を受けている。

　20世紀の流通業や消費者運動は、"より良いものをより安く"手に入れられる社会を目指していた。生きていくのに精いっぱいだという貧しい社会においては、視野がどうしても狭くなる。しかし今後は、自分たちの生活を維持することに苦労するような段階をすでに脱した豊かな先進地域において、次世代の人々や他のコミュニティで暮らす人々にも目配りすることが当然求められることになるだろう。消費者も流通業も、視野をあらためる必要があるのである。

　先進国の中では例外的に、そして突出して、日本の社会においてはフェアトレードなど倫理的消費への取り組みが遅れている。それは消費者運動のせいなのか、それとも流通業に原因があるのか。食の安心・安全面では相当な高水準を達成し、環境問題への取り組みでもいくつか注目すべき成果を収めた日本の

Ⅱ　現代日本の食料流通と環境問題

消費者運動や流通業のCSR活動について、新たな視点からの点検や再構築が必要なのではないだろうか。

（参考文献）

舟木賢徳『「レジ袋」の環境経済政策——ヨーロッパや韓国、日本のレジ袋削減の試み』リサイクル文化社、2006年。

長尾弥生『フェアトレードの時代』コープ出版、2008年。

杉田　聰『「買い物難民」をなくせ！　消える商店街、孤立する高齢者』中公新書ラクレ、2013年。

III 食の安全・安心と健康リスク

第8章 食べ物の安全の考え方とその評価の仕組み

辛島恵美子

はじめに

　狩猟・採集時代から農業時代への変化は、自然条件との適応・共存の発想を大きく変化させた。それでも、農業時代から近代工業時代への変化と比べれば、生物としての繁殖繁栄の工夫の埒内にあったといえるであろう。さらに現代社会はその進路を明確に農業の工業化とグルーバル貿易に向け、自然条件との適応・共存のレベルを超え、自然条件の克服にその発想を変えてきている。このレベルの安全を問題にするのを第一義的安全問題と整理すれば、この問題群に対しては、一般的には、人あるいは人類はどのように生きていくべきなのかの問いの考察が必要であり、具体的には技術・環境・経済・政治・道徳/倫理等を含む、思考的には総合的哲学的課題、実践的には広義の政治的課題がそれに対応しよう。これに対して、対応の迫られている顕在化した、あるいは顕在化しつつある諸問題群は第二義的安全問題と整理できる。こちらは差し迫った課題に対処するため、現行の制度や発想を出発点として、どのような改善の道を探るべきかを問うことになる。この発想は相対的に帰納的思考法にウエイトを置くが、前者は相対的に演繹的思考法にウエイトを置くことになろう。本書の企画は問題点の明確化から出発する点で、第二義的安全問題を取り扱うが、食べ物とその生産・流通・加工にかかわる産業のあり方、"人体の健康・健全な環境"の維持・持続性を問題にすることにもなり、第一義的安全問題も射程に入らざるをえない。そこで本章は、第二義的安全問題の発想を中心に取り上げるものの、その範囲の中で若干第一義的安全問題への問いも含めることにする。

第8章　食べ物の安全の考え方とその評価の仕組み

以下は、現代社会で主要な食べ物の安全課題を大雑把に整理したものである。
　量的課題：①凶作等々の飢餓（含緊急支援対策）、食糧増産の課題
　　　　　　②栄養不良・栄養過剰（含摂食障害、食の教育）、その他健康関連課題群
　質的課題：③短期発症：食中毒　その他衛生関連課題群
　　　　　　④慢性・長期潜伏型評価：食品添加物、残留農薬・ホルモン・抗生物質等
　　　　　　⑤汚染事故・事件：食品汚染事故（生産・流通・販売・消費の諸現場と原因解明組織等の課題）
　　　　　　⑥新型食材・食品（含飼料）の評価：GM作物、GM食品、サプリメント等
　　　　　　⑦特殊毒性評価：アレルギー性、発癌性　等々
　配分課題：⑧流通技術関連問題、⑨食物廃棄処理問題（含レンダリング）、⑩政治的経済的食糧配分問題
　基礎課題：⑪第一次産業のあり方と国土・海域保全課題、動物福祉課題
　　　　　　⑫第二次産業のあり方（食品加工を中心に）、⑬第三次産業のあり方
　　　　　　⑭資源偏在とリサイクル関連課題（環境や健康の長期保全又は維持課題）

本章では、このうち質的課題の④と⑥⑦の安全の考え方を中心に取り扱い、③と⑤は次章で取り扱う。

1　現代社会の食べ物の安全とリスク・アナリシスの発想

（1）国際食品規格とコーデックス委員会（Codex Alimentarius[1] commission）

コーデックス委員会は1963年にFAO[2]とWHO[3]が合同で設立した政

---

(1) Codex Alimentarius はラテン語で「食品法典」の意。
(2) Food and Agriculture Organization of the United Nations（国際連合食糧農業機構）
(3) World Health Organization（世界保健機関）

Ⅲ　食の安全・安心と健康リスク

府間組織であり、日本は1966年に加盟している。設立目的は、食べ物の国際規格の作成を通じて、消費者の健康を保護するとともに、食べ物の公正な貿易を促進することにある。食べ物の安全を図るための考え方は計測技術や食料生産技術の発展により、大きく変化せざるをえなかった。典型的な近年の考え方の一つとして、米国の医薬品食品化粧品法における「デラニー条項」(1958年)を取り上げる。これは、発癌性に関して社会が敏感に反応した時代に「いかなる量であれ、いかなる動物等を使った実験であれ、発癌性を示した物質は食べ物に添加してはならない」という明快な判断基準である。しかし、分析技術の進展はこの単純明快な基準が非現実的であることを指摘し始めた。高感度の分析技術によって、長く安全と思って食べてきた多くの食べ物(例えばキャベツ)の中にも、きわめて微量ながら、毒性試験を実施すれば発癌性を示す成分、天然農薬とも言いうる成分の存在を指摘することになったからである。古くから薬学では、"毒性のないものはなく、量が毒か薬かを区別する"との立場であり、毒も適量を適切に使用すれば治療薬になると受け止めてきた。つまり、量を無視しては毒も薬も安全の判別もつかないことを示しており、デラニー条項の単純な基準では対応できなくなってきたのである。そのため、食べ物の安全の判断の一貫性のために、科学的なリスク・アセスメントに基づく評価体系が必要であるとして、コーデックス委員会は1995年に提唱し、2003年に正式に「リスク・アナリシス」の考え方を採択した。こうした状況の中で1996年に「デラニー条項」も廃止された。

さらに食品に関しては、国際規格であるコーデックス規格に従わない場合は、非関税障壁として、貿易相手国から「衛生及び植物検疫措置の適用に関する協定」(SPS[4]協定)違反でWTO(世界貿易機構)[5]に提訴される可能性が指摘されるようになり、リスク・アナリシスの考え方は広く定着しようとしている。

日本の食品安全行政も2003年に大幅な行政改革を実施し、リスク・アナリシスの考え方を基礎とする体制を構築している。詳しくは次章で扱う。

---

(4) Sanitary and Phytosanitary Measures 衛生と植物防疫のための措置:「検疫 Quarantine」だけでなく、最終製品の規格、生産方法、リスク・アセスメント方法など、食品安全、動植物の健康に関する全ての措置(SPS措置)が対象。
(5) World Trade Organization

（2）「risk」の「analysis」と「assessment」「management」「hazard」の関係

　「リスク（risk）」は保険用語として発達した言葉であり、語源は「navigate among cliffs」である。そそり立つ崖近くの海域は海面下も複雑な地形も多く、複雑な海流を作りだしやすい。「そうした厄介な海域を航行する」が語源の原義であり、「to run into danger」との説明もある[6]。「デンジャー（danger）」の語源はラテン語 dominium であり、その原義は「lordship, power」、「領主の力から危害を加える力さらに危険の意」に転義したという[7]。つまり、危害を加える力の近くにいる危うさを指し、危なさの原因は自分（主体側）ではなく、客観的状況中に見出す発想であり、今日では広く危険一般を示す言葉として用いられている。これと比べると、言葉「risk」は客観的状況の悪さは承知の上で（敢えて）「行為する」点、つまり主体側に危険の原因を観る発想に特徴がある。そのため「リスク」と認識する以上、何もしなければ損害を被ることになるか、悪くすれば命を失いかねないとの推理も働き、「行為取り止め」の選択でない限り、難題を上手に乗り越えて無事に目的を成就させたいとの発想に展開することになる。対策を具体的に考えるには「リスクの分析、解析」が必要であり、まずは「リスク」と直感させる要因（ハザード[8]）を明確にし、それらの特性を科学的に解明するのが「リスク・アセスメント[9]」の役割である。解明された特性と、実践的諸条件とを合せ考え、被害を最小化して当初の目的を十分に実現させるべく作業展開するのが「リスク・マネジメン

（6）研究社（第五版 1998）『英和辞典』1826 ページ。ちなみに、他の多くの辞書にも語源説明あり。

（7）同上書、530 ページ。

（8）その語源はフランス語 hasard で game at dice, chance であるが、スペイン語 azar は unfortunate throw at dice であり、アラビア語 az-zahr は the dice と説明する。その特徴から見れば、原義はダイス即ちサイコロか、サイコロ賭博を意味し、それ自体が被害ではないことは明かであるが、出る目によっては大損か大儲けかが変わりうるそういう「対象」である点で、慎重な行為者にとって警戒すべき対象となる。

（9）assessment の動詞形は assess であり、ラテン語 assidère（= to assist in office of judge）に遡ることができる。その意味は、①（税額決定のために）（財産・収入などを）評価する、査定する、③a：（査定によって）（税金・罰金・割り当て金などを）（人・物・行為に）課する、割り当てる。純粋な科学的測定値とも違うので「evaluate」でなく「assess」を使うことが多い。

ト」である。これが、言葉の特徴から見た基本的なアナリシス・アセスメント・マネジメントの関係である。なお、「リスク」を"食品中にハザードが存在する結果として生じる健康への悪影響の確率とその程度（重篤度）の関数"とする定義はリスク・アセスメント部門での定量化において二義的に問題にされる定義である。この定義は歴史的には、1975年に公表された原子力発電所の安全性に関するラスムッセン報告書の中で初めて提示されたものであり、リスク用語の歴史からみれば新しい定義である。食品安全分野でリスク概念を応用し始めたのは、先に指摘したようにさらに新しい。リスク用語の採用は、一般的には safety の意味も変える。「freedom from unacceptable risk」と説明されることが多く、何を「unacceptable risk」とするかが基準の焦点となる。実際には「unacceptable risk」と「acceptable risk」の間に「tolerable risk（耐容可能なリスク）」領域の入り込むことが多く、この領域のリスク低減（合理的で実行可能な限り、リスク低減を目指すべき領域：As Low As Reasonably Practicable〔ALARPの原則〕）が社会的論争になりがちである。

（3）リスク・アナリシスの考え方

コーデックス委員会の定義では「リスク・アナリシス」を、「リスク・アセスメント、リスク・マネジメント、リスク・コミュニケーション」の三要素からなるプロセスと定義し、反復的過程とも解説する。アナリシスを含むこれら四要素の関係と役割は次の通りである（図8-1参照）。

リスク・アナリシスの目的は、「人の健康の保護」と「公正な貿易の成立」の二つであり、その実現を目指すのが「リスク・マネジメント」部門の役割である。この目的の実現には、利害関係者間の相互理解と協力は欠かせない条件であり、リスク・アナリシス過程全体を通してあらゆる関係者との効果的コミュニケーションと協議が強調されている。とりわけ「③選択肢の総合的評価と選択肢決定」の意思決定過程の透明性、公正性の確保は重要である。「アナリシス」は分析、解析と訳され、どのように分析、解析するかで内容も多様であって不思議ではないが、「コミュニケーション」は「アセスメント」「マネジメント」と同格に並べて取り扱う概念ではない。それにもかかわらず、「アセスメント、マネジメント、コミュニケーション」を構成要素と定義しており、

図8-1　リスク・アナリシスの構造

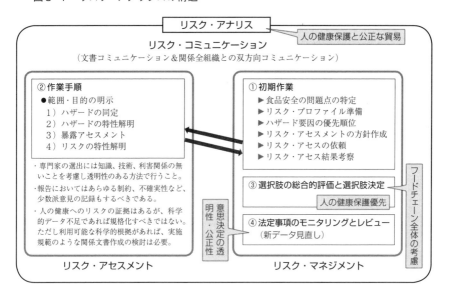

「コミュニケーション」には特別な思い入れのある定義となっている。論理的というより実践にウエイトをおいている定義ともいえる。

いま一つ強調されているのは、リスク・アセスメントの科学的中立性、公正性の確保である。リスク・アセスメント部門をリスク・マネジメント部門から機能的に明確に分離することを求め、リスク・アセッサーの資格要件も、知識や技術の妥当性は勿論であるが、利害関係の無いことも考慮した人選を求めている。アセスメントの報告には科学的根拠を条件とすると同時に、不確実性要因が多く関与していることから、そうした要因や仮定等々についての明示や少数意見も記録するよう求めている。このように機能的分離を強く求めながら、同時に密接不可分の関係にあることも認めており、新情報を組み入れるための見直し作業の開始などを含め、繰り返し往復作業が展開されることを期待してもいる。

マネジメント部門では「①初期作業」がリスク・アセスメント依頼に先立って行われることを求めており、その作業の中心は「リスク・アセスメント方針」の作成である。その上で、アセスメント部門への委託とその結果報告に基づく「③選択肢の総合的評価と選択肢の決定」が行われる。その実践的過程

と結果に関して「④決定事項のモニタリングとレビュー(新データの再検討と選択肢の見直し等)」を行い、反省点や新データ類の検討を含めて「①初期作業」へと戻るマネジメントの基本形を示している。

　コーデックス委員会の食品国際規格決定過程にもこの発想が貫かれており、FAO/WHO 合同専門家会議はリスク・アセスメント部門、コーデックス委員会とその下部組織(加盟各国)がリスク・マネジメント部門に該当する。日本の食品安全行政においても、内閣府所属の食品安全委員会がリスク・アセスメント部門、厚生労働省と農林水産省、現在はそれに加えて消費者庁、環境省がリスク・マネジメント部門を担当している。ただし、日本のリスク・コミュニケーションとなると定義はコーデックスと同じでも、省庁間の隙間を埋めるために使われているようには見えない等々の諸問題を抱える。コミュニケーション自体も苦手であるが、さらに「リスク」も「ハザード」も「危険や危機」、「安全と safety」の区別もつきにくい日本人には課題も多い。

2　食べ物の安全と化学物質の毒性試験

(1) 食べ物と毒性評価の発想

　古代中国の伝承に登場する「神農」は、医薬と農業の神様として日本でも祀られているが、その頭と四肢を除いて透明で、内臓が外からはっきり見える体を持ち、たくさんの植物を嘗めて薬効や毒性の有無をその体を利用して検証したといわれている。この伝説が伝えているのは、食べ物と薬と毒の区別は人体実験ともいうべき膨大な経験の積み重ねの上に成立している知識ということであろう。現代科学技術を駆使しても「何世代にも渡って食べてよい食べ物」と科学的根拠に基づく結論を導き出すのは難しい。相対的に短期間の摂取実験で人体に悪影響が無いとの結果が出たとしても、それを以て安全と判断しうるだろうか。薬学が発達させてきたのは分析技術と毒性試験法(毒性学)、薬理学であり、薬や食べ物の安全が科学的に問題にされたときも、次のような方法を用いるしか方法がないのである。

　基本的な動物実験は、単回投与毒性試験(急性毒性)・反復投与毒性試験(亜

急性、慢性毒性）と特殊毒性試験（生殖毒性や催奇形性、発がん性、抗原性、局所刺激性等々）であり、特殊毒性試験は過去の薬害等々の苦い経験の反省として事前チェック用に開発された各種試験法と言って過言ではない。

　各種の毒性試験データ類から推定して、毎日摂取しても有害性が顕在化してこない最大投与量を「無毒性量（NOAEL）[10]」とする。この値に対して、動物種差と、体質や年齢等の個人差を考慮する各係数（食品添加物の場合、$1/10 \times 1/10 = 1/100$）を乗じた値を「ADI（1日許容摂取量：Acceptable Daily Intake）[11]」と呼ぶ。さらに、実際の使われ方を調べ、その物質の実際の摂取量をデータから判断し、一生涯食べ続けてもADI値を超えることのないように使用基準値等を策定する。

　残されている課題、つまり毒性試験に関連して科学的議論が紛糾しやすいのは、無毒性量を実験レベルでは確定できない場合（閾値[12]無し型）の判断である。統計的限界（実験の限界）が出やすい低濃度領域では推定しかできないのであるが、どのように推計するか、何を基準とするか問題も絡み、利害対立のあるテーマでは紛糾課題になりやすい。低線量の放射線被害の測定もこの問題を抱えている。

（2）食品添加物の安全性とその仕組み

　歴史的に異物混入問題は、古代社会から現代まで悩まされ続けている課題でもある。味付けや味を調える行為は料理の工夫なのか、ごまかしの工夫か、判断の難しいケースも現実には多々あるからである。厄介なのは、「うまい」を含めた人間の五感による評判は常に「健康によい」ことを意味していない点である。それなりの用心が必要であることを歴史は教えている。例えば、古代ローマではサパという酢酸鉛を主成分とした甘味料が多く人々に好まれていた

---

[10] NOAEL（No-Observed-Adverse-Effect Level）：ある物質について何段階かの異なる投与量を用いて行われた反復毒性試験、生殖発生毒性試験等の毒性試験において、有害影響が認められなかった最大投与量を指す。
[11] ADI値は、ある化学物質をヒトが一生涯にわたって毎日食べ続けても、健康への悪影響がないと推定される一日当りの摂取量のこと（mg/kg体重／一日）。
[12] 毒性アセスメントにおいて、ある物質が一定量までは毒性を示さないが、その量を超えると毒性を示す時、その値を閾値（しきいち）と呼ぶ。

が、これが原因で鉛中毒が多く発生したと考えられている。さらに、甘味料にかぎらず、好みのレベルを超える依存性の高い物質は「止められない」ことから深刻な健康被害に結びつきやすい。

　そのため、現代日本では「食品添加物」を「食品の製造の過程において又は食品の加工若しくは保存の目的で、食品に添加、混和、浸潤その他の方法によって使用するものをいう。」(食品衛生法4条第2項)と定義し、その化学物質としての特性と人に対する影響等々を明らかにして、安全な利用に結び付ける仕組みを工夫している。これが「食品添加物の公認」制度である。いま一つの課題、先に指摘した、正統な行為か詐欺行為か判別のつけ難い課題は現代では「食品表示」制度により消費者の選択に任せている。消費者がそれとわかって購入するのであれば、"問題無し"としてよい場合もありうるからである。しかし機能性表示食品のように、公的専門機関の判断無しに、科学技術を駆使した製品の根拠データ類を公開しても、消費者の理解と活用には自ずと限界があり、消費者の自己責任として片付けるには無理のある課題も多く残している。

(3) 残留農薬

　農薬規制は、長く「ネガティブリスト」方式であった。すなわち、人体や環境への悪影響が懸念される農薬のみをリスト化して禁止や規制の対象とする方式であり、リストに無い農薬は使用自由で、規制もできなかった。しかし、第二次世界大戦後には多種多様な農薬開発が展開し、当該方式の弱点が拡大することとなった。また、食の安全を脅かす事件／事故も重なり、人々の食品の安全行政に対する不信感が社会的に顕在化し、信頼回復対策の一つとして、2003年の食品衛生法改正で、残留農薬規制を「ポジティブリスト」制度に変更した(施行は2006年5月29日)。原則として、全ての農薬等に残留基準(含一律基準)を設定し、基準を超えて食品中に残留する場合、当該食品販売禁止を可能にしたのである。

　食品の成分に係る規格(残留基準)を定めるには、各種の動物を用いた毒性実験等を行い、ADI(一日許容摂取量)を決定する。この値に日本人の平均体重(53.3kg)を乗じた「人一日許容摂取量」を農薬残留基準設定の基とし、

これに「作物残留試験」から得た残留量もとに、作物ごとの基準値を設定する。その際、安全率やコーデックス規格等も考慮して決める。次に、一日に食事として食べる穀物、野菜、果実など作物の量を厚生労働省国民栄養調査のフードファクターから読みとり、これに適用作物の基準値を乗じ、対象農薬の推定摂取量（「作物別摂取量」の合計）を算出し、この推定摂取量（mg／人／日）が「日本人の一日当たりの許容摂取量（mg／人／日）の80％以内の場合、その基準値を残留基準値[13]とする。他に、農薬取締法3条に基づき、農林水産大臣の登録を受けたものでなければ製造・販売・使用等はできないが、農薬の登録を認めるか否かの判断基準のうち、①作物残留に係る農薬登録保留基準、②土壌残留農薬登録保留基準、③水産動植物の被害防止に係る農薬登録保留基準、④水質汚濁に係る農薬登録保留基準[14]は環境大臣が設定する。

残留基準が定められていないもの（無登録農薬）、および一部の食品には残留基準の定めている農薬等ではあるが、定めの無い食品に残留している場合は、一律基準「0.01ppm」を設定し、これを超えて残留すれば食品としての流通は禁止される。他に、「人の健康を損なう恐れのないことが明らかであるもの（厚生労働大臣が指定する物質）」として、ポジティブリスト制度から外したものもある。

3 モダンバイオテクノロジーと新型農産物の安全

（1）組換えDNA技術（遺伝子組換え技術）とモダンバイオテクノロジー

生物としての形や特徴は親から子へと受け継がれてゆく。この受け継がれていくことを「遺伝」といい、個々の遺伝的形質の特徴を決めている単位を「遺伝子」、その化学物質名はDNA（デオキシリボ核酸）[15]である。動植物の場合、

---

[13] 残留基準値（MRL : Maximum Residue Limit）
[14] 日本人1人当たりの一日の飲水量を2リットルとし、飲料水からの1人当たりの摂取量が許容される農薬の量をADIの10％の範囲までとなるように、水質汚濁に係る農薬登録保留基準の値を設定する。
[15] DNAの基本単位は「糖（デオキシリボース）＋リン酸＋塩基」であり、塩基部分は四種類（アデニン、チミン、シトシン、グアニン）の別があり、この塩基があたかも文字のような役割を果たし、その並び方、三つの塩基で、1つの特定アミノ酸を指定する。

この遺伝子は細胞の核にある染色体（遺伝子の集合体）上にあり、DNAの塩基配列は遺伝情報、遺伝の設計図とも呼ばれる。特定の遺伝情報（DNA）を切り離して加工し、再び生物に挿入し、加工した遺伝形質を実際に発現させる技術が発達してきている。この一連の操作を「組換えDNA技術[16]」または「遺伝子組換え技術」と呼び、1973年にその基礎技術は確立した。

　伝統的な交配（交雑）による品種改良も、両親の遺伝形質の組換えによって子の遺伝形質が決まる、すなわち遺伝子の組換えを行っている点では「組換えDNA技術」と共通である。ただし、自然界で起きる交配（交雑）は染色体レベルでのダイナミックな組換え現象であり、偶然に起こる遺伝形質の新しい組合わせの中から望む遺伝形質を揃えたものを選抜する作業は根気を要する方法であり、十年単位の時間を要する。そのうえ、組合せは近縁種に限られていた。

　これに対して「組換えDNA技術」は、直接特定DNAを操作し加工できるため、短時間に望む遺伝形質を揃えた生物体を作りだすことができる上に、近縁種に制約されることもない。ヒト型インシュリンを作り出す遺伝情報をヒトの細胞から切り出し、特定の微生物に導入し、この微生物の大量培養によりヒト型インシュリンを量産する技術はすでに実現している。こうした利点もあるが、まさにこうした無限の組合せの可能性が、想像もし難いリスクがありそうとも受けとめられたのである。しかし、この分野の研究者たちがそのリスクに気づき、研究開始段階から率先して安全対策のルール作りに協力したことから、70年代には実質的安全問題は顕在化しなかったが、80年代に入ると事情は大きく変化した。

（2）大競争時代の特許戦略とGM作物・GM食品

　組換えDNA技術を農作物の品種改良に応用して作り出したものを「遺伝子組換え生物（Genetically Modified Organism）」あるいは「GM作物」、食品

---

(16) 公式の定義：" 酵素等を用いた切断及び再結合の操作によって、DNAをつなぎ合せた組換えDNA分子を作成し、それを生細胞に移入し、かつ、増殖させる技術（自然界における生理学上の生殖又はその組み換えの障壁を克服する技術であって、伝統的な育種及び選抜において用いられない技術に限る。"（食品安全委員会「遺伝子組換え食品（種子植物）の安全性評価基準」(2004年) における定義）

第8章 食べ物の安全の考え方とその評価の仕組み

は「遺伝子組換え食品」「GM食品」と呼ぶ。ただし、農作物応用が社会的話題になるのは、1996年に米国のモンサント社が農薬とセットにしたGM作物を販売し始めて以降のことである。それまでは微生物応用が中心で、その安全対策も物理的生物学的封じ込め対策を中心としていた。農産物は「野外利用」ができなければ効果は半減してしまい、一般環境中での安全性が問題にされた。つまり、封じ込め対策の経験を超える課題が出現したのである。しかし他方で、伝統的な育種法で作りだしたこれまでの新品種植物について、新品種を理由にその安全性試験を要求するという発想も経験も無いに等しかった。

ところで、特許は従来工業製品に限定されていたが、1980年米国連邦最高裁判所は組換えDNA技術を用いて作り出した新しい生物（この事例では微生物）に特許を与えるとの判決が出され、80年代半ばから米国はプロパテント戦略を採用し、知的財産システムの強化でアメリカの再生を目指して動きだしていた。1996年にGM作物で世界市場に参入したモンサント社もこの戦略にそって展開してきた企業であり、組換えDNA技術を含むモダンバイオテクノロジー由来のリスク問題もあるが、その他に、農業の工業化の徹底課題（例えば特許権のついた種子の販売）の絡む農業経営に関する安全問題も含まれていた。特許権のついた種子を購入しての栽培では、収穫して得た種子を次年度に播くことは許されず、毎年種を購入する必要がある。遺伝子解析技術はモンサント由来の製品か否かを簡単に識別できるため、無断使用すれば特許侵害として裁判にかけられ、膨大な賠償金を支払わされることになったのである。

こうした動きの中で、近代農業が自然界の豊かな資源を激減させてきた歴史を振り返れば、新技術の無制限な応用は自然資源の取り返しのつかない激減を招きかねないと懸念する人々や、生態系バランスの混乱がいかなる被害を発生させるのか分からないと不安に思う人々も少なくなかった。彼らの動きは1992年の地球サミットにおいて「生物多様性条約[17]」の締結につながり、次いで遺伝子組換え生物が国境を超えて移動する際の取り扱いルールを定めたカルタヘナ議定書[18]（2000年採択、2003年9月発効）採択へと展開している。

---

(17) ①生物多様性（生態系の多様性、種の多様性、遺伝子の多様性）の保全、②生物多様性の構成要素の持続可能な利用、③遺伝資源の利用から生ずる利益の公正かつ衡平な配分という三つの目的を掲げる国際条約。

Ⅲ 食の安全・安心と健康リスク

　日本では、食品衛生法の規定に基づく食品、添加物の規格基準の改正により、2001年4月より「遺伝子組換え食品等の安全性審査」が法的に義務づけられ、安全性審査を受けていない遺伝子組換え食品の輸入・販売は禁止されている。これにより、国内で流通している遺伝子組換え食品類は全て安全性審査を経たものとなっている。2015年の現状では、日本国内で生産するGM作物こそないものの、世界中から多くの食糧・食品を輸入している関係で、GM作物は国内でもかなり使われている。遺伝子組換え技術が使われているか、その可能性がある場合は「JAS法」と「食品衛生法」により、表示が義務付けられているが、表示義務の対象を限定し、表示の義務にも多くの免責条件があり、実際には表示を省略できるものも多い。欧州とは異なり日本は米国との関係が深く、米国の発想や制度とは異なっていても、異なる政策は採りにくい状態にある。

(3) 遺伝子組換え食品（種子植物）の安全性評価基準

　GM食品についての安全性評価はどのような基準でなされているのであろうか。食品安全委員会「遺伝子組換え食品（種子植物）の安全性評価基準」(2004) に依拠して考え方の原則を簡単にまとめれば次のようになる。

　現在摂取している多くの食品は、長期にわたる食経験に基づき判断されたものであり、動物を使っての毒性試験で査定することは技術的に難しい。また、伝統的育種の成果物も特に懸念される課題について毒性試験や栄養学的検討をしてきたにすぎないことから、GM作物、GM食品の場合も同様に取り扱う。すなわち、個別の全成分の安全性を科学的に査定するのではなく、既存の食品との比較により、意図的又は非意図的に新たに加えられ又は失われる形質に関してのみの安全性評価を行う。例えば、組換え体が、残留農薬やその代謝物、汚染物等々ヒトの健康に影響を及ぼす恐れのある物質の蓄積に関与していないかの検討、現在は抗生物質耐性マーカーが使われており、これについて適切に安全性評価がなされているが、今後の開発に際し、安全性が十分に評価でき、かつ抗生物質耐性マーカー遺伝子を用いない技術の利用が可能であれば、

---

(18) 生物多様性に悪影響を及ぼす恐れのあるバイオテクノロジーによる遺伝子組換え生物（LMO）の移送、取扱い、利用の手続き等を検討し、バイオセーフティーに関するカルタヘナ議定書となったものである。日本では2003年11月締結、2004年3月発効。

その技術を用いることも考慮されるべきである等である。また、コーデックス規格として以下のガイドラインが出されている。

①モダンバイオテクノロジー応用食品のリスク分析に関する一般原則
②組換えDNA植物由来食品の安全性アセスメントの実施に関するガイドライン
③アレルギー誘発可能性に関するアセスメント
④組換えDNA微生物利用食品の安全性アセスメントの実施に関するガイドライン
⑤アレルギー（プロテイン）誘発可能性に関するアセスメント

①は「モダンバイオテクノロジー」の定義であり、「組換えDNA技術（遺伝子組換え技術）」および「科を超える細胞融合技術」と限定している。モダンバイオテクノロジー応用食品のリスク分析過程もコーデックス委員会の「コーデックス総会（CAC）の一般決定」と「リスク分析手に関するコーデックス作業原則」に一致することを求めている。

ただし、これまでリスク分析は化学物質（残留農薬、汚染物質、食品添加物、加工助剤など）がその検討対象であり、丸ごとの食品が対象になるとは想定してもいなかったが、GMではリスク・アセスメントの中に安全性アセスメント（safety assessment）も含まれなければならないとしている。食品丸ごとを対象にする安全性アセスメントのためには、類似性・相違性の観点から「既存の対応物」と「モダンバイオテクノロジー応用食品」との比較に基づいて、食品の全体またはその食品成分をアセスメントする必要があり、特に以下のことを補足すべきであるとする。㋐意図的影響と非意図的影響の両方を考慮する、㋑新たな又は改変されたハザードを特定する、㋒主要栄養素のヒトの健康に係る変化を特定する。特に上市前の安全性アセスメントは、体系だった包括的な手法により個別に実施されるべきであり、科学的ピアレビューに耐えうる質及び必要量を備えているべきである。ちなみに「既存の対応物」とは食品としての一般的な利用に基づき、安全性の実証がなされたことがある関連生物・品種、構成成分・製品をいう。

Ⅲ　食の安全・安心と健康リスク

むすび —— 残された課題

　レイチェル・カーソンの『沈黙の春』（1962年）では、敵の殲滅を目的とした化学物質（農薬）の利用は、たとえ希釈しての利用であっても、食物連鎖を通じて濃縮されて人間に戻ってくることが警告されていた。そのため米国で農薬の規制法が成立し、この発想はライフサイクルアナリシスの考え方へと展開していく。意図的な使用状況ばかりでなく、使い終わった後の物質の行方についてもアセスメントの対象としていく発想である。また、生態系という捉え方も多くの議論を生み出しながら、徐々にアセスメントの対象に入りつつある。

　微生物との戦いの有力な兵器として抗生物質が生み出され、感染症との戦いに決着がついたと思われた時期もあった。耐性菌の出現も新規抗生物質の開発で対処できると思われたのである。しかしその歴史を振り返れば、抗生物質と病原微生物の戦いはエンドレスであることを知ることになった。経済効率から密集した大量飼育になりがちな家畜には、疾病予防のために人に投与する量の数倍の抗生物質が使用され、耐性菌出現までの時間を短くしてきている。微生物ばかりではない。モンサント社の商品に「除草剤ラウンドアップとその除草剤耐性の遺伝子を組み込んだトウモロコシ」[19]があるが、これも例外ではなく、当初の思惑は長く続かず、除草剤耐性を獲得した雑草が広がり、より強力な農薬の使用が求められ、使用量も増えている。

　1980年代中頃からはじまったEC（現EU）・米国のホルモン剤投与牛肉戦争はWTOの紛争処理で欧州側は一度は負けているが、それでもなお輸入禁止策を継続するなど未解決のままである。リスク・アセスメント部門のマネジメント部門からの機能的独立はこうした背景があって、中立性、公正性が問題にされている。病に罹っていないレベルの栄養や健康でも科学的データの解釈

---

(19) ラウンドアップ除草剤は、非選択性で不耕作法に適用できる特徴があった。この除草剤耐性の遺伝子を組み込んだトウモロコシを育てることで、そのトウモロコシを除いて雑草をすべて枯らすことができる。除草剤総量を減らすことができるとされた。しかし、発売から10年を経過したころから、除草剤耐性の雑草が目立つようになり、除草剤量が増え、より強い除草剤の開発が求められた。

となると、見解を一致させることは難しい、まして食文化レベルでの栄養と健康を問題にするとなれば、各成分の生化学的働きだけからの判断には限界があり、誰と食事をするのか、どのような雰囲気でいつ、どのくらい食するのかとも深くかかわることになろう。

また、地理的気候風土と無関係に農業は成立せず、自然条件（自然災害を含む）との適合性を考慮すれば、世界共通のルールとはどのような意味をもたせるべきなのだろうか。どのようなルールや目標が目指されるべきなのだろうか。かつては経済効率に、次には産業振興にウエイトがあり、現代では消費者の健康や健全性にウエイトが置かれつつある。しかし生産者の生活や自然生態系の多くの生物たちの暮らしが健全にならないまま、消費者だけで食文化を成熟させることなどできるだろうか。どのレベルの何の健康と健全さを目指すのか、科学的中立性以外に利害対立を克服する手段はないのだろうか。安全の考察には、現在でもそこまでは考える必要があるのではないだろうか。ちなみに、漢語「安全」の語源から見えてくるのは「すべてのものを安んずる、安らかにする」の発想である。

（参考・引用文献）

FAO/WHO（1995）『Application of Risk Analysis to Food Standards Issues ― Report of the Joint FAO/WHO Expert Consultation』WHO/FNU/FOS/95.3.

FAO/WHO（2003）『コーデックス委員会の枠組みの中で適用されるリスク・アナリシスの作業原則』（農林水産省翻訳）。

CODEX ALIMENTARIUS COMMISION（2003）「Report the Twenty-six Session: Appendix Ⅳ. Working Principle for Risks Analysis for Application in the Fra-mework of the Codex Alimentarius ）」。

食品安全委員会（2015）『食品の安全性に関する用語集』（第五版）。

田部井・日野・矢木編集委員『新しい遺伝子組換え体（GMO）の安全性評価システムガイドブック――食品・医薬品・微生物・動植物』エヌ・ティー・エス。

研究社（第五版1998）『Kenkyusha's New English-Japanese Dictionary 英和辞典』。

第9章　食品の安全を守る社会の仕組み

高鳥毛敏雄

はじめに

　食品の安全問題に最初に経験し、社会制度をつくりあげたのは英国である。その英国の食品の安全システムについて歴史的にみる。わが国は、明治期になり食品衛生行政制度を整え始めた。第2次世界大戦後に英国のような食品監視員を配置する制度が導入され、今日に至っている。

　現在、食品は、生産、流通、加工、販売に至るまで国内外の多くの事業者を経て、私達は消費をしている。そのため、食の安全を確保には、国際的に共通した安全基準や規制の制度が必要となっている。また、生命科学・技術の進歩により遺伝子組み換え食品やバイオ食品などの新しい食品が登場している。さらに、食品は大量生産・大量消費される時代となり、一度食品事故が起こった場合の影響は甚大なものとなる。このために、国際的に食品の製造過程の安全を確保するため認証制度が設けられた。その結果、食品の安全を確保するために世界共通の食品安全の制度が確立されるようになってきている。

　本章では、食品の衛生や安全の確保に関わる社会制度について歴史的な流れや国際的な動向も踏まえて記述する。

第9章　食品の安全を守る社会の仕組み

1　英国における食品安全の仕組みの誕生

(1) 食品安全の仕組みがつくられた背景

　食の安全のための社会の仕組み制度は、18世紀の英国、19世紀末のアメリカなどで形づくられた。この頃には、科学と工業の発達により、食品に混ぜ物工作が容易となり、様々な物質を混ぜ、見かけを工作した食品が氾濫し、その中の有害食品により死亡する者も出てきていた。英国に流通している食品を分析した化学者のフレデリック・アークムは、あまりに有害物質を含む食品が多いことに義憤を感じ、その現状を調べて1820年に混ぜ物工作を告発する著書『食品の混ぜ物工作と有毒な食品』を公刊した。医師のアーサー・ハッサルは、ロンドン中の店から食べ物と飲み物を購入し、顕微鏡で分析し、その結果を『ランセット』に連載した。『ランセット』は、トマス・ワクリーが創刊した雑誌であったが、そこに混ぜ物をした食品を売った店の名前と住所が連続的に掲載された。

　1858年に、ブラッドフォードで砒素が混入した菱形飴で20人余り死亡する事件が起こった。食品偽装の事実が深刻な状況になっていることが明らかとなり、混ぜ物工作に英国の世論が強い関心を持つようになった。政府は重い腰を上げ、1860年に「混ぜ物工作禁止法」及び「飲食物及び薬剤粗悪化防止法（Act for Preventing the Adulteration of Articles of Food and Drink）」を制定した。1860年、食品検査をする専門官（public Analyst）が、ロンドン、バーミンガム、ダブリンに置かれた。飲食物による健康被害は、不衛生な環境に起因する不衛生な水や汚物により、コレラなどの水系感染症による死亡者が増加していた。そのために、人々は、不衛生が、病者を増加させ、病者は貧困となる悪循環に陥っていた。

　環境衛生改善のために、1844年頃にゴミや廃棄物などの有害物質を監視する専門官（Inspector of Nuisances）がリバプールに置かれた。エドウィン・チャドウィックは、有害物の監視官を全国の自治体に置き、不衛生に起因する健康悪化の悪循環を断ちきるために、世界で最初の公衆衛生法を1848年に制定した。さらに、1855年に「有害物質の除去と疾病予防法（Nuisances

Removal and Diseases Prevention Act)」、「大都市自治法（The Metropolis Management Act)」などが制定された。

都市の衛生状態を改善する専門職員は、衛生監視員（Sanitary Inspector）と称され、多くの自治体に置かれた。衛生監視員の名称は、公衆衛生監視員（Public Health Inspector）となり、最終的に環境衛生監視員（environmental health officer）と称されている。

（2）食品衛生監視員のアイデンティティの確立

英国で誕生した環境衛生監視員は、地方自治体に配置され、食品衛生監視、環境衛生監視、動物衛生監視、有害物質の監視などを行い人々の健康保護にかかわる専門職として、英国以外の国にも置かれるようになっている。衛生監視員の職務は、違法者を検挙し処罰に結びつける警察官とは異なるものである。平時から事業者を巡回、監視し、事件、事故が起こらないように予防的に衛生教育、指導を行うことが役割とされている。

衛生監視員には、公衆衛生に関係する専門知識が求められる。そのために英国では、19世紀に環境衛生監視員（environmental health officer）を教育訓練する組織が設けられた。その教育プログラムと実地研修を経て、試験に合格した者が食品衛生監視員として認定される仕組みがつくられている。環境衛生監視員の専門教育と認定を行っている機関が、公益法人の環境衛生専門職教育認定機関（The Chartered Institute of Environmental Health、以下CIEHと略す）である。

わが国には、英国のような全国の自治体の食品衛生監視員として共通に通用する教育訓練プログラムと認定、登録する機関はない。わが国では、食品衛生監視員は、大学で薬学、畜産学、水産学又は農芸化学の課程を修めて卒業した者及び厚生労働大臣の登録を受けた食品衛生監視員の養成施設で所定の課程を修了した者を採用し、厚生労働大臣または都道府県知事等が任命されて職務を行っている。一般的に、採用された後、職場における現任研修により食品衛生監視員として業務を遂行している。わが国では、食品衛生監視員の訓練・認定システムがないため、あらかじめ獣医師、薬剤師などの国家資格を持つ者を多く採用して、食品衛生監視業務に当たらせている。

第9章　食品の安全を守る社会の仕組み

2　日本における食品安全制度の発足とその到達点

(1)　衛生警察制度の発足

　医制が1874年に公布され、衛生行政は地方自治体に基盤を置いた形がめざされた。しかし、地方自治体の基盤が整っておらず、むしろ中央集権体制の確立が急がれたことにより、衛生行政も、警察行政に担われるものとされた。警察は、軽犯罪の取り締まり法令に基づいて業務を行った。不衛生な氷による健康被害防止のため、製氷営業者に氷の製造、販売にあたって所轄庁による検査が義務化や飲食物及び薬物による死亡届出制度が設けられるなどの制度の発展はあったが、その法的な根拠は刑法であった。

　1900年に食品を取り締まる独自の法律となる「飲食物其ノ他ノ物品取締ニ関スル法律」が制定された。1937年に保健所法が成立、1938年に厚生省が設置された。わが国の衛生行政が、警察行政から分けられた。しかし、医学、衛生学、公衆衛生学の知識と技術を身につけた衛生監視員などの専門職員を配置して、食品衛生、環境衛生の監視指導を行う体制の確立は、第2次大戦後になってからのことである。

(2)　食品衛生監視指導体制の発足

　連合国軍最高司令官総司令部（GHQ）は、公衆衛生制度の確立を求めた。また、戦後、技術職員が失業しており、公衆衛生監視員を担う職員の確保が容易となり、公衆衛生監視員の体制が整備されることになった。公衆衛生監視員は、飲食物衛生、乳肉衛生、上下水道及び飲料水衛生、清掃その他環境衛生の指導監視を行い、公衆衛生の向上に努める者で、その資格は知識経験者、とくに医師、薬剤師、獣医師が望ましいとされた。

　1947年に日本国憲法が制定され、新しく保健所法が制定された。公衆衛生監視員は、原則として保健所に配置され、保健所長の指揮監督を受ける職員とされた。1947年4月に「飲食物その他の物品取締に関する法律及び有毒飲食物等取締令の施行に関する件」が制定された。同法の行政権限は都道府県知事が行使するものとされた。公衆衛生監視員はその後、都道府県等に食品衛

III 食の安全・安心と健康リスク

図9-1 わが国の食品安全行政の概要

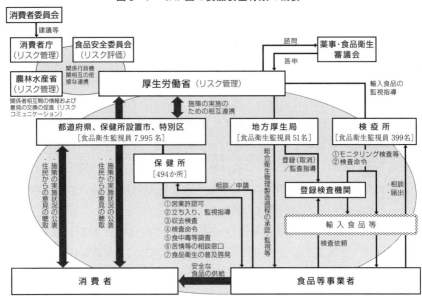

(出典)『平成26年度厚生労働白書』より作成。

生監視員、環境衛生監視員として置かれた。1947年7月に「食品衛生監視員設置要綱」が示され、業務、資格、配置、経費等が規定された。1947年12月に「食品衛生法」が制定され、その中に食品衛生監視員が明確に位置づけられた(図9-1参照)。

(3) 食品衛生法の成立とその体制

食品衛生法は、食品衛生に関する総括的、網羅的な法律であり、近代的、科学的な食品衛生行政の基礎となる法律である。その内容は、不良食品等の排除、化学的合成品である添加物について指定制度を創設し、それ以外の化学的合成品である添加物及びそれを含む食品等の製造、販売等を禁止すること、食品、添加物、器具等について規格、基準を設定すること、営業者に食品等についての標示の義務を課し、標示の要領を設定すること、製品検査を行うこと、飲食店営業その他公衆衛生に与える影響が著しい営業についての施設基準の設定及

第9章　食品の安全を守る社会の仕組み

び許可制度の創設、そして、食品衛生監視員制度、食品衛生委員会、食中毒の処理について規定すること、であった。

食品衛生監視員及び監視指導について、食品衛生法第30条に書かれており、「①厚生労働大臣、内閣総理大臣又は都道府県知事等は職員の中から食品衛生監視員を任命する。②都道府県知事等は、都道府県等食品衛生監視指導計画の定めにより、食品衛生監視員に監視指導を行わせる。③内閣総理大臣は、指針に従い、食品衛生監視員に食品、添加物、器具及び容器包装の表示又は広告に係る監視指導を行わせる。④厚生労働大臣は、輸入食品監視指導計画の定めるにより、食品衛生監視員に食品、添加物、器具及び容器包装の輸入に係る監視指導を行わせる。⑤その他、食品衛生監視員の資格その他食品衛生監視員に関し必要な事項は、政令で定める。」と記載されている。

3　輸入食品の食品安全対策の組織体制の整備

(1) 輸入食品の監視体制の発足

第2次世界大戦後に、食品の輸入が再開された。厚生省は1951年6月、「輸出入食品の検査実施要領」を示し、検疫所と衛生試験所に食品衛生監視員を配置した。

行政に所属する食品衛生監視員は、厚生省に所属する食品衛生監視員と、都道府県等に所属する食品衛生監視員が存在している。厚生省の食品衛生監視員は、輸入食品の監視指導を担当し、都道府県等の食品衛生監視員は国内で製造・販売、流通している食品、輸入食品の監視指導を担当している。1950年代に黄変米事件等が発生したため輸入食品に対する監視体制の強化のため1953年に食品衛生法が改正され、輸入食品等に対する食品衛生監視員の監視指導の権限と法的根拠が明確にされた。また、厚生労働省に所属する食品衛生監視員は増員され、「食品衛生監視員事務所」の職員とされた。

1982年の行政改革により、食品衛生監視員事務所は検疫所に組織統合され、「検疫所」の職員となった。現在、検疫所の食品衛生監視員数は約400人にまで増えている。検疫所は、全国に108か所あり、輸入食品の届出窓口は

Ⅲ　食の安全・安心と健康リスク

図9-2　全国の検疫所と食品等輸入届出窓口配置状況

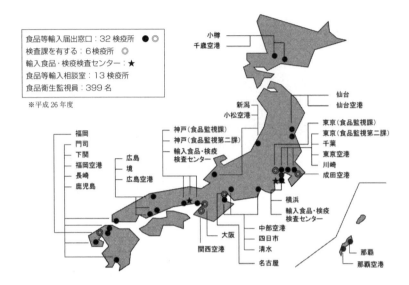

（出典）『国民衛生の動向』Vol.61 No.9 2014/2015, 厚生労働省医薬食品部食品安全部資料。

32か所に開設されている。横浜と神戸の検疫所内に「輸入食品・検疫検査センター」が設置されている（図9-2）。検査センターでは、残留農薬の分析、遺伝子組換え食品の検査など、高度な検査ができる機器が整備され、精密な検査が行われている。

（2）輸入食品の監視体制の確立

　検疫所の監視指導は、2003年の食品衛生法改正により、輸入食品監視指導計画を策定して実施されている（図9-3）。現在は、食品の輸入量が増加してきたため、輸入段階に検疫所で対応するのが難しくなったため、「輸出国」、「輸入時（水際）」、「国内流通時」の3つの段階に分けて食品の安全確保に対応する体制となっている（図9-4）。

　輸出国には、輸入食品に違反が確認された場合には輸出国政府等が原因の究明及び再発防止対策を求めている。また生産国には、生産段階の安全管理の実

第9章　食品の安全を守る社会の仕組み

図9-3　食品衛生法に基づく監視指導体制

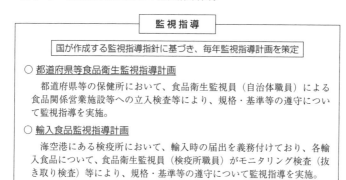

図9-4　輸入食品の監視指導体制

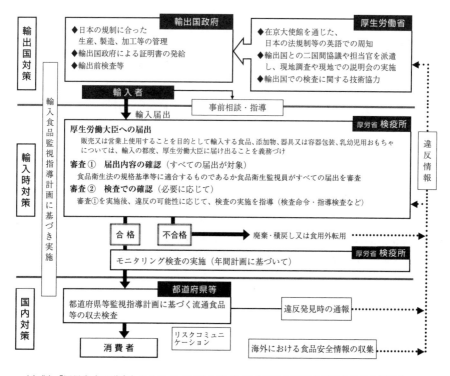

（出典）『国民衛生の動向』Vol.61 No.9 2014/2015，厚生労働省医薬食品部食品安全部資料。

III 食の安全・安心と健康リスク

図9-5 国際的な食品安産にかかわる組織の概要

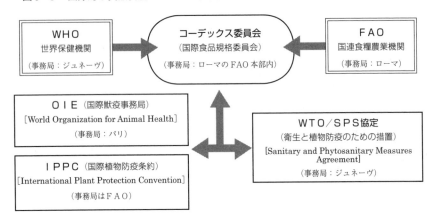

施、監視体制の強化、輸出前検査の実施等を求め、その内容をあらかじめ二国間協議により取り決めを行っている。輸入時（水際）には、年間の監視指導計画を策定し、モニタリング検査を実施している。モニタリング検査で違反が見つかった場合、輸入業者は、輸入食品に対して検査命令が出され、検査を行い、その検査結果を添付しないと輸入が認めない処分が講じられている。

(3) 食料の国際貿易体制と食品安全の国際的な枠組み

食品は、国際的に広範囲に流通するようになっており、輸出入する食品については、国際的に共通の食品安全のために食品規格や食品安全基準を定められている。食品の規格や基準の作成は、コーデックス委員会（Codex Alimentarius Commission：CAC）が設けられ担われている。

コーデックス委員会は、国際連合食糧農業機関（Food and Agriculture Organization of the United Nations：FAO）と世界保健機関（World Health Organization：WHO）が合同で1963年に設立した政府間組織である（図9-5）。わが国は1966（昭和41）年に加盟し、世界の180か国以上が加盟している。世界貿易機関（World Trade Organization：WTO）の多角的貿易協定の下で、食品の国際企画基準を作り、世界の消費者の健康を保護と食品の公正な貿易を促進するために設置されたものである。コーデックスの規格や基準は、

図9-6　コーデックス委員会の組織図

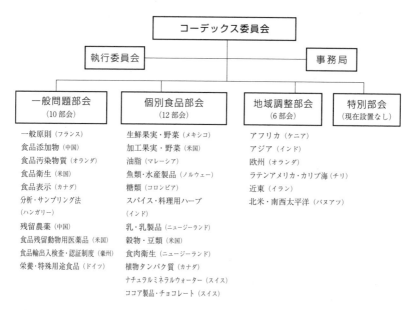

（出典）『国民衛生の動向』Vol.61 No.9 2014/2015, 厚生労働省医薬食品部食品安全部資料。

多くの専門部会に各国が協力、分担して作成され、合意を原則として最終決定されている（図9-6）。

　農産物、食料品の国際貿易における食品安全の確保のため、世界貿易機関のWTO協定の一つに通称SPS協定がある。これは、正式には「衛生と植物防疫のための措置」（Sanitary and Phytosanitary Measures）協定と言われている。この協定は、人、動物又は植物の生命又は健康を守るとともに、衛生植物検疫措置の貿易に与える影響を最小限にするために設けられたものである。しかし、SPS措置は、検疫だけに関係するのではなく、最終製品の規格、生産方法、リスク評価方法など、食品安全、動植物の健康に関する全ての措置を対象としている。

4 食品の製造・加工過程における安全対策——ハサップ（HACCP）

（1）ハサップ（HACCP）

ハサップ（HACCP）とは、Hazard Analysis Critical Control Point（以下HACCPと略す）のことである。これは、コーデックス委員会が1993（平成5）年に定めた食品の製造や加工過程には様々な汚染や異物混入が起こる可能性がある。事故が起こらないような多段階の安全体制を整え、事故が起こった際に原因追及を容易にし、再発防止につなげるための危害防止と衛生管理方式である。

コーデックス委員会は、「食品の製造・加工工程のあらゆる段階で発生するおそれのある微生物汚染等の危害をあらかじめ分析（Hazard Analysis）し、

図9-7 ハサップ（HACCP）とは？

ハサップ（HACCP）とは、原材料の受入れから最終製品までの各工程ごとに、微生物による汚染、金属の混入などの危害要因を分析（HA）した上で、危害の防止につながる特に重要な工程（CCP）を継続的に監視・記録する工程管理システムです。

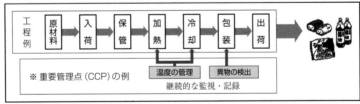

1993年にFAO/WHO合同食品規格委員会（コーデックス委員会）が、HACCPの具体的な原則と手順（7原則12手順）を示し食品の安全性をより高めるシステムとして国際的に推奨。

※HACCPは、工程管理のシステムであり、それ自体が必ずしも施設整備を求めている訳ではありません。

※HACCPは、事業者がそれぞれの工場における食品製造工程について、主体的に危害要因を分析し管理システムを設定・運営するもの。（何をどこでどのように管理するかを事業者自らが考え、設定し、実施し、その証拠を残すという一連の作業システム）

（出典）農林水産省ホームページ（2015/9/1アクセス）より。

第9章　食品の安全を守る社会の仕組み

その結果に基づいて、製造工程のどの段階でどのような対策を講じればより安全な製品を得ることができるかという重要管理点（Critical Control Point）を定め、これを連続的に監視することにより製品の安全を確保する衛生管理の手法である」としている（図9-7）。

(2) 総合衛生管理製造過程承認制度

わが国は、1995（平成7）年に食品衛生法を改正し一部の食品を対象として「総合衛生管理製造過程承認制度」を導入している。総合衛生管理製造過程には、HACCPの考え方が組み込まれている。施設設備の保守管理と衛生管理・防虫防そ対策・製品回収時のプログラム等の一般的衛生管理を含められており、少し異なっている。承認の対象となる食品は、乳、乳製品、清涼飲料水、食肉製品、魚肉練り製品及び容器包装詰加圧加熱殺菌食品（レトルト食品）である。その承認施設数はなかなか伸びていない。

国際的に流通する食品はHACCPの承認を得た事業者によるものであることが条件とされるようになっている。そのため、わが国の食品の輸出を促進するには、国内の食品事業者がHACCPの導入が不可欠となっている。政府はHACCPの普及を支援するために、企業へ低利融資や税制上の優遇措置を盛り込んだ「食品の製造過程の管理の高度化に関する臨時措置法（いわゆるHACCP手法支援法）」を1998年5月に5年間の時限法として制定し、その後、延長を繰り返し、平成25年6月に10年間延長している。

(3) HACCP承認施設の監視体制の強化

HACCP承認施設を増やしていくことが重要である。また、承認施設が、承認後HACCPを遵守して続けているのかを監視し続けることも重要である。

2000年6月27日に発生した雪印乳業(株)大阪工場（以下「大阪工場」）製造の「低脂肪乳」等による食中毒事件は、HACCP承認施設の継続的な監視指導が徹底されていなかったことにより発生したとされている。原因は、大阪工場の原料を製造した北海道の雪印大樹工場で、停電により黄色ブドウ球菌が増殖してエンテロトキシンA型（毒素）を産生し、それが混入したことにより起こったとされている。雪印乳業の大阪工場は、厚生大臣により総合衛生管理製

造過程承認施設であったが、その製造過程の衛生管理体制が遵守されていなかった。当時は、承認時にのみ国の検査、審査がなされていたが、その後の監視は自治体に任されていた。

　この事件の後、食品衛生法が改正され、厚生労働大臣による総合衛生管理製造過程の承認の更新制を導入され、また食品衛生管理者を置くことが義務化された。また、厚生省の出先機関の地方厚生局に食品衛生監視員が増員され、厚生労働省の食品衛生監視員が地方自治体の食品衛生監視員と協力して、承認施設の監視指導する体制とされている（前出の図9-1参照）。

5　日本の食品安全体制の確立──食品安全基本法の制定

（1）食品安全基本法の成立

　世界の多くの国から食品や動物性飼料が輸入され、その輸入量は増加傾向にある。また、食品は大量に生産、大量に消費されるものとなり、一旦事故が起こると被害が大きなものとなる可能性が大きくなっている。さらに、科学技術の進展によってクローン技術や遺伝子組換え食品、健康関連食品等の新しい食品が登場してきている。

　そのような状況の中から、腸管出血性大腸菌O157による大規模食中毒事件の発生、牛海綿状脳症（BSE）問題、中国産冷凍餃子食中毒事件などの国を超えて対応が必要な食品安全の問題が発生した。とくに、牛海綿状脳症（BSE）の発生には、畜産業を所管する農林水産省、食肉衛生を所管する厚生労働省によるこれまでの縦割り行政体制だけの対応できないものであった。

　そのため、新たな食品安全システムの構築が求められた。2003（平成15）年に制定された食品安全基本法は、縦割り行政の弊害を脱して、食品安全確保のための総合的な対策を行う体制づくりのために制定された法律である。

　食品安全基本法の目的として、法第1条に、「この法律は、科学技術の発展、国際化の進展その他の国民の食生活を取り巻く環境の変化に適確に対応することの緊要性にかんがみ、食品の安全性の確保に関し、基本理念を定め、並びに国、地方公共団体及び食品関連事業者の責務並びに消費者の役割を明らかにす

第9章 食品の安全を守る社会の仕組み

図9-8 食品衛生法の目的の改正（2003年）

改正前　この法律は、飲食に起因する衛生上の危害の発生を防止し、<u>公衆衛生の向上及び増進に寄与する</u>ことを目的とする。

改正後　この法律は、食品の安全性の確保のために<u>公衆衛生の見地から必要な規制その他の措置を講ずる</u>ことにより、飲食に起因する衛生上の危害の発生を防止し、もつて<u>国民の健康の保護を図る</u>ことを目的とする。

るとともに、施策の策定に係る基本的な方針を定めることにより、食品の安全性の確保に関する施策を総合的に推進することを目的とする。」として、法第3条には基本的認識として、「食品の安全性の確保は、このために必要な措置が国民の健康の保護が最も重要であるという基本的認識の下に講じられることにより、行われなければならない。」とし、国民の健康の保護が最も重要であるとしている。

法第5条には、「食品の安全性の確保は、このために必要な措置が食品の安全性の確保に関する国際的動向及び国民の意見に十分配慮しつつ科学的知見に基づいて講じられることによって、食品を摂取することによる国民の健康への悪影響が未然に防止されるようにすることを旨として、行われなければならない。」と書かれている。

（2）食品衛生法改正

食品衛生法などの法律は、食品安全基本法との整合性を図るために改正されている。食品衛生法の目的が書かれた第1条の内容は、旧法の「飲食に起因する衛生上の危害の発生を防止し、公衆衛生の向上及び増進に寄与する」から、「食品の安全性の確保のために公衆衛生の見地から必要な規制その他の措置を講ずることにより、飲食に起因する衛生上の危害の発生を防止し、もつて国民の健康の保護を図る」と食品安全基本法の目的に合わせて、「国民の健康の保護を図る」という言葉が入れられた（図9-8）。

食品衛生監視員が行ってきた監視指導のやり方も変更された。従来は、食品

図9-9　食品安全システム（リスク分析）

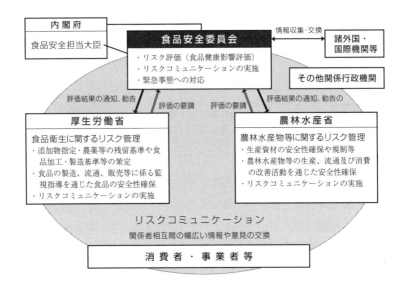

（出典）『国民衛生の動向』Vol.61 No.9 2014/2015．より。

衛生法により監視指導回数（法定監視回数）が定められ、それに沿って監視指導が行われていたが、あらかじめ監視指導計画を策定し、その計画に基づいて、監視指導を行うこととされた。「食品衛生監視指導指針」は厚生省が定め、その指針に基づき自治体が「食品衛生監視指導計画」を策定することとされている（前出図9-3参照）。

（3）リスクアナリシスの導入

　食品安全基本法には、国民の健康の保護を確保するためには、国民が危害にさらされる可能性がある場合、リスクを最小限にするために「リスク分析（リスクアナリシス）」という考え方が導入された。リスク分析は、「リスク評価（リスクアセスメント）」、「リスク管理（リスクマネージメント）」、「リスクコミュニケーション」の3要素からなる（図9-9）。

　科学的知見に基づいてリスク評価を行う機関が必要として、内閣府に食品安全委員会が設置された。「リスク評価」とは、人々が口にする食べ物には、豊

第9章 食品の安全を守る社会の仕組み

図9-10 一般食品と保健機能食品の分類

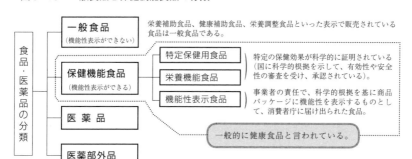

かな栄養や成分とともに、ごく微量ながら健康に悪影響を及ぼす要因が含まれているが、食品を食べることによって有害な要因が健康に及ぼす悪影響の発生確率とリスクを科学的知見に基づいて客観的かつ中立公正に評価することである。具体的には、食品中の危害要因を摂取することによって、どの程度の量の危害要因を摂取すると、どのくらいの確率でどのくらい深刻に健康への影響が起こるかを科学的な根拠をもとに評価することが必要とされた。リスク評価という言葉は、食品安全基本法第11条では「食品健康影響評価」と表現されている。

（4）健康食品とリスク評価とリスクコミュニケーション

近年、国民の健康に対する関心の高まり等を背景に、様々な「健康食品」と称するものが多く販売され、健康被害も報告されるようになっている。「健康食品」については、法律上の定義は無く、広く健康の保持増進に資する食品として販売・利用されるもの全般を総称している言葉である。そのうち、国が定めた安全性や有効性に関する基準等を満たした「保健機能食品制度」が、2001（平成13）年に健康増進法と食品衛生法を根拠に創設された。

「保健機能食品」には、個別に、生理的機能や特定の保健機能を示す有効性及び安全性等に関する国の審査を受け、厚生労働大臣によって有効性に係る表示を許可又は承認された食品であり、「特定保健用食品」と「栄養機能食品」がある。平成27年4月に、保健機能食品の中に新しく事業者の責任として機能性表示を認める「機能性表示食品」制度がつくられている（図9-10）。機

Ⅲ 食の安全・安心と健康リスク

能性表示食品に表示されている効能については、特定保健用食品や栄養機能食品ほどの国が承認できる有効性や安全性の審査データがあるわけではないが、ある程度の根拠データがあれば事業者の責任で表示が認められる食品である。

　リスクコミュニケーションについては、専門家と行政だけで食品安全対策を進めるのでは、国民、消費者などの信頼や理解が得られないことは明らかである。そのため食品に関わる、専門家、行政、消費者、市民等の関係者が相互に情報や意見交換を活発に行うことが食品安全システムの中に位置づけられた。現在の食品安全システムは、食品のリスク評価、リスク管理を担当する部署を分離し、食品安全対策は社会を構成している幅広い関係者の理解と合意のもとに進めるものとして、また世界的な食品安全システムとの調和するものとして構築されてきている。

6　食品安全のリスク評価、管理機関

（1）食品安全委員会と関係省庁との関係

　食品安全基本法に基づき2003年7月に内閣府に食品安全委員会が設置された。食品安全委員会は、リスク評価機関として、食品による健康被害を未然に防ぐため、リスク管理を行う関係行政機関から独立して、科学的知見に基づき客観的かつ中立公正に「リスク評価」を行うために創設された機関である。

　食品安全委員会は、厚生労働省、農林水産省、消費者庁などのリスク管理機関からの評価の要請を受け、リスク評価が行われることが多い。食品安全委員会自身が必要としてリスク評価を行うこともある。食品安全委員会は、リスク評価の結果に基づき、食品の安全性の確保のため講ずべき施策について、内閣総理大臣を通じて関係各大臣に勧告を行うことができる（前出図9-9参照）。

（2）厚生労働省と保健所体制

　戦後の食品の安全行政は、食品衛生法を根拠として厚生省（現厚生労働省）を中心に組織と体制が整備されてきた。現在の食品安全システムの中では、リスク管理機関として、食品衛生法に基づく食品、添加物、食品に残留する農薬

図9-11　大阪市の食品衛生監視指導体制

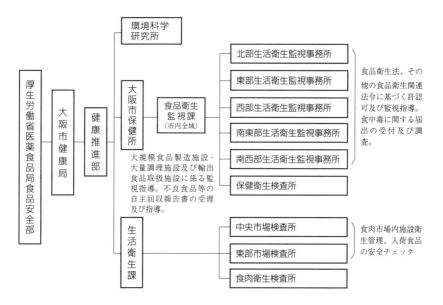

（資料）大阪市行政組織図を参考に筆者作成。

などの規格や基準の策定、また、その基準が守られているかの監視指導する役割などが求められている。近年は、食品安全に関わる国際的な調整や、国際基準づくりなどに参加して、指導的な役割を担うことも求められている。

リスク管理の実務は、厚生労働省だけでなく、厚生労働省及び検疫所と地方厚生局に食品衛生監視員などが配置されて行われている。国内の食品衛生の監視指導は、地方自治体の食品衛生監視員により行われている（前出図9-1参照）。食品の衛生監視指導は両者の連携と協働した活動として行われている。

地方自治体においては、従来は保健所に食品衛生監視員が配置されていたが、1994（平成6）年に保健所法が地域保健法に改正されたこと、地方分権改革の推進が進み、全国に一定の人口規模ごとに配置されてきた保健所は、都道府県、政令指定都市、中核市、その他政令で定める市又は特別区に設置・運営が委ねられるようになり、都道府県の保健所数は減少傾向にあり、大阪市、神戸市、さいたま市、横浜市などの政令指定都市では各区に置かれていた保健所が1か

所に統合されている。政令指定都市の中で、保健所を1か所としたところでは、市内をエリアに分け、衛生監視事務所を配置している。大阪市は5か所の生活衛生監視事務所、神戸市は5か所の衛生監視事務所を設けている（図9-11）。

大都市では、市内全域の大規模食品製造施設（総合衛生管理製造過程承認施設を含む）、問屋業及び輸入業等を対象とした広域流通食品や輸入食品等に対する専門監視、多摩地域の卸売市場における流通拠点監視及び食品の適正表示等に係る調査・指導は保健所や本庁レベルで対応し、日常的な食品衛生法、その他の食品衛生関連法令に基づく許認可及び監視指導や食中毒に関する届出の受付及び調査は、身近は区役所や衛生監視事務所で対応がなされている。

(3) 農林水産省と地方農政事務所体制

牛海綿状脳症問題、食品偽装事件などが発端となり、国民や消費者に対する食品安全に係る農林水産省の組織体制が問われる事態となった。2003年に食品安全に係る政策を担う部局として「消費・安全局」が設置され、食品安全行政の組織体制が整えられた。

「消費・安全局」は、消費者保護、表示・規格、食品安全、農林水産物の生産段階でのリスク管理（農薬、肥料、飼料、動物、医薬品等）、土壌汚染防止、リスクコミュニケーション、米の流通監視などの業務を担当している。生産者寄りから消費者の立場に立った食料施策の実施が役割とされた。地方の出先機関であった食糧事務所が廃止され、地方農政局消費・安全部の下の農政事務所に再編された（図9-12）。

地方農政事務所に、消費者行政、食育の推進、JAS法に基づく食品表示の監視、米穀の流通監視、農薬・肥料・飼料等の使用の適正化、牛肉のトレーサビリティ等の事務や取り締まり、指導を行う業務を行う「消費・安全部」が置かれた。1950（昭和25）年に制定された「表示の適正化に関する法律（昭和25年法律第175号。以下「JAS法」という）」の中に1970（昭和45）年の品質表示制度が創設され、消費者が日々安心して食品を選択するための情報提供に重要な役割を果たしている。

品質表示基準については、平成21年9月に消費者庁が一元的に担当することになっている。しかし、食品表示に関する立入検査や製造業者等に対する改

第9章 食品の安全を守る社会の仕組み

図9-12 農林水産省の食品安全行政組織

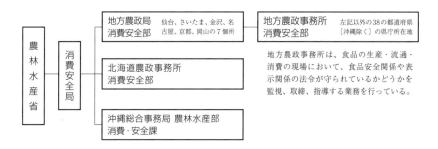

善の指示等は農林水産省に責任があり、食品表示監視のため地方農政局等に食品表示監視担当職員（食品表示Gメン）が配置された。

7 食品安全確保を支える人材育成と配置

　食品は国際的に流通するようになり、また遺伝子組み換え技術や食品化学技術が進歩し、新たな食品や物質が流通するようになり、さらに畜産農家や食品工場が大規模化し、大量生産、大量消費の時代に突入している。農産物、食品は、生産、流通、加工、販売、消費（フードチェーン）を通して、総合的に食品の安全対策を進めることが不可欠となっている。世界の各国が調和した食品安全対策が必要となっている。国内においては、関係省庁が一体となって総合的に食品安全対策に取り組むことが必要になっている。一方で、食品の生産や流通過程が複雑になって、いわばブラックブック化が進み、消費者が食品の安全を確認することが難しく、食品の安全に対する不安が高まってきた。消費者に食品情報、食品の安全情報を提供するリスクコミュニケーションの重要性が高まっている。

　新しくつくられた食品安全システムを進めるため、食品安全基本法の制定、食品安全委員会の設置、中央省庁の組織改正などがなされてきている。しかし、中央政府から地方自治体、行政と国民、生産者と消費者が、国民の健康の保護を共通の目標として、安全で、安心できる社会に至るには、消費者の安全を支

える組織体制や人材配置がまだ十分とは言えない。18世紀に、英国で食品安全が社会的な問題となった時に、地方自治体に食品衛生監視員や検査員がおかれて、食品安全の社会システムが形づくられたが、現在においても、国や自治体の組織を整えることも重要であるが、それらの役割を十分に担える人材を社会的に配置していくことも重要である。

　国際的に流通する食品、新しい技術により開発されてくる食品に対する検査や監視、食品を汚染する化学物質や感染性微生物への対応など、専門性の高い食品安全対策を進めるには、今までよりも食品安全に関わる職員の高い専門性や資質の向上が求められている。そのため欧米諸国においては、食品安全対策を強化するために専門機関を設置し、専門性の高い職員を配置して担当されているところが多い。

　わが国では、地方行政制度改革により、国と自治体の関係や役割分担が変化し、保健所設置自治体（都道府県、政令指定都市、中核市）のバラツキが大きくなっている。そのため、地方自治体だけで、食品衛生監視員の教育、訓練、資質向上を図ることが難しくなっている。国と自治体が連携して食品安全に係わる専門職員の確保と教育訓練システムの確立は、重要な課題である。

むすびに

　食中毒による死者数は1960年頃までは毎年200～300人発生していた。その後、上下水道の普及、飲食物の衛生管理の徹底、コールドチェーンや防腐防菌技術の発展、不衛生な店舗の淘汰、それに国民の衛生感覚の高まりなどがあり食中毒死亡者は10人以下の水準に減少している。全国どこの地域に出かけてもご当地グルメを楽しむことができるようになっている。これは、明治期から食品の安全を確保するためのシステムを構築してきたことによる。

　しかし近年、食品事業者による産地偽装や表示偽装などの企業のコンプライアンスに関わる問題が顕在化し、食品に対する国民の信頼が揺らいでいる。そのために、食品の表示やトレーサビリティの導入など、食品の安心や信頼をもってもらうための規制や監視・指導の仕組みの強化も求められている。

（参考文献）

今村知明『食品の安全とはなにか』日本生活協同組合連合会、2009年。
岡田章宏『近代イギリス地方自治制度の形成』桜井書店、2005年。
厚生省医務局編『医制百年史』ぎょうせい、1976年。
厚生労働省『厚生労働白書〈平成26年版〉』日経印刷、2014年。
『国民衛生の動向 2014/2015』厚生労働統計協会、2014年。
中村啓一『食品偽装との闘い』文芸社、2012年。
中村靖彦『食の世界にいま何がおきているか』岩波書店、2002年。
新山陽子編『食品安全システムの実践理論』昭和堂、2004年。
新山陽子編『解説　食品トレーサビリティ』昭和堂、2005年。
マリオン・ネッスル著、久保田裕子・広瀬珠子訳『食の安全——政治が操るアメリカの食卓』岩波書店、2009年。
ビー・ウイルソン著、高儀進翻訳『食品偽装の歴史』白水社、2009年。
見市雅俊『コレラの世界史』晶文社、1994年。
横山茂雄『危ない食卓——十九世紀イギリス文学にみる食と毒』新人物往来社、2008年。

第10章　食品の機能と健康

吉田宗弘

はじめに

　食品や栄養に関する話題は様々な場でとりあげられるため、世間には専門家顔負けの知識を持つ人がいる。マスメディアが取り上げる話題の多くは、「特定の食品、あるいは食品成分を摂取することが健康にとって非常にプラスに作用する」というストーリーを基本としている。このような「健康や病気に対する食品の影響を過大に信じ、結果として食生活のバランスを崩す」ことは「フードファディズム」と呼ばれ、食品の機能に関して大きな誤解を生む元兇である[1]。

　例えば、「体重が気になる方に向いた食品」と謳われていれば、これを食べることによって減量ができると多くの人は思うだろう。しかし、「太る」という現象は摂取エネルギーが消費エネルギーを上回る、すなわち必要以上に食べるから起こるのである。太りたくないのなら食べなければいいのである。たしかに、食品成分の中には消化吸収やエネルギー消費に多少影響を与えるものがある。しかし、その影響は微々たるものであり、全体的なエネルギーバランスを覆す、つまり食べ過ぎ（エネルギー過剰）の状態をエネルギー不足の状態に変換することはできない。食べることによって痩せるものは食品ではなく、毒物の一種であり、野生動物なら忌避する代物といえる。

（1）高橋久仁子（2003）『「食べ物神話」の落とし穴——巷にはびこるフードファディズム』講談社．

第 10 章　食品の機能と健康

　食品には、基本的な栄養素としての機能に加えて、体内の代謝に緩やかに影響を及ぼして特定の疾患の予防につながるような機能を持つものがある。後者の機能をうたうものが、一般には「健康食品」あるいは「機能性食品」として認識されている。

　日本では、このような食品の中でその機能がある程度科学的に保証されているものについては、医薬品並みの審査を経た上で「特定保健用食品」という名称で機能表示をして販売することが認められている。ただし、食品は医薬品ではないため、特定保健用食品といえども医薬品まがいの機能表示をすることは許されておらず、上述のような「～が気になる方に向いた食品」といったような曖昧な表示のみが認可されていた。しかし 2015 年度からは、いわゆるアベノミクスの一環として規制緩和の名の下に、食品の医薬品的機能を積極的に表示し、かつ審査のハードルも低い「機能性表示食品」というカテゴリが新設されており、フードファディズムの蔓延が助長される状態となっている。フードファディズムに陥ることは個人責任であるというのが安倍晋三内閣の考え方なのであろう。

　このように現在の日本では、消費者自身が食品の機能を正しく理解して、商業主義に毒されたいかがわしい食品を避けることが要求されている。本章では、食品と栄養を正しく理解するための基本事項を解説する。

1　栄養という漢字の意味

　「栄養」という漢字二文字にはどのような意味があるのだろうか。現在の栄養学は「食品と身体の相互作用を検討して、食品と健康との関わりを明らかにすること」を目指しており、明治初期に欧州から新たに日本に導入された西洋起源の近代科学である。明治初期は、欧米由来の概念に固有の日本語を当てはめる努力が行われており、「栄養」という漢字二文字が「食品と健康の関係

（2）森川規矩（国民栄養対策協議会編）（1975）『日本語 栄養. その成り立ちと語意』、第一出版、22 ページ。

に関する科学」に当てはめられた。栄養という語が最初に出ているのは、中国の正史のひとつで6世紀に編纂された「晋書」である[2]。晋とは中国の昔の国名であり、三国志を構成する魏、呉、蜀を3世紀後半にいったん統一した国である。この晋書の中に「吾れ小にして栄養を能わず、老父を使いて勤苦を免れる」とある。自分に甲斐性がなく、いつまでも年老いた父親の世話になっているという意味であろう。このような甲斐性＝自立能力を意味した栄養という語を「食品と健康の関係についての科学」に当てはめた理由は、おそらく次のようなものであったと想像する。

栄養という語の本質は「養」にある。養の字は、「羊」という字と、「食」という字の二つに分かれる。通説に従えば、「食」の字は、「食物（おそらく穀物）をいれる蓋付き容器」を象形化したものであるが[3]、「屋根＋白いもの＋匙」が組み合わさったものであり、家の中で、匙で粥をすくっている状態を示すとする異説もある[4]。どちらの説であっても、「食」の字が穀物と関係していることは確実である。一方、「羊」には二つのイメージが湧く。ひとつは、「羊」がストレートに動物としての羊を指すとするものである。羊は中国の万里の長城より北に暮らしていた遊牧民族の主食である。穀物は農耕民族の主食であるから、「養」の字は農耕民族と遊牧民族双方の主食を組み合わせた字ということになる。もうひとつは、「羊」が肉類一般を指すとするものである。この場合、「養」は穀物と肉類、つまり主食（ごはん）と副食（おかず）を組み合わせたものになる。どちらであるにしても、「養」の字は食事を表しているといえるだろう。「栄」は「すばらしい」、「立派な」、「きちんとした」という意味の修飾語であるから、栄養という漢字二文字は「きちんとした食事」を示すことになる。「食品と健康の関係についての科学」が最終的に目指すのは、「きちんとした食事の内容を具体的に示す」ことであるから、この科学を栄養学と命名したことは、的を射たものであったといえる。

（3）白川　静（1996）『字通』平凡社、837～838ページ。
（4）森川規矩（国民栄養対策協議会編）(1975)『日本語 栄養．その成り立ちと語意』第一出版、30～32ページ。

2 食品の機能

「なぜ食事をするのか？」と問えばどのような返答があるだろうか。「お腹がすくから」、「健康のため」という返答が予想される。では、「どのような食事を摂りたいか？」と問いかけるとどうだろうか。「おいしいもの」、あるいは「身体にいいもの」という返答が多数を占めるだろう。ここに例示した「お腹がすくから食べる」、「おいしいものを食べたい」、「身体にいいものを食べて健康を維持したい」という行動や欲求は、食品の持つ3つの機能を表現している。

(1) 食品の一次機能

すべての生物は、生きるために体外からエネルギー源や身体構成成分を食物として摂取しなければならない。すなわち、生きるためには食べなければならない。したがって、食品のもっとも基本的な機能は生命を維持することにある。この基本的な機能は、食品の一次機能、あるいは生命維持機能と呼ばれる。

ほとんどの生物はブドウ糖をエネルギー源として利用している。空腹感は、動脈血（組織に流入する血液）と静脈血（組織から心臓に戻る血液）のブドウ糖濃度の差が小さくなると発生するといわれる。動脈血と静脈血のブドウ糖濃度の差は、組織が消費したブドウ糖量を反映しており、この差が小さい状態は組織が飢餓状態であることを示す。つまり空腹感とは、組織が飢餓状態になったことを示す信号である。したがって、「お腹がすくから食べる」というのは食品の一次機能に期待する行動といえる。

ヒトが摂取すべき食品成分はブドウ糖に代表される糖質だけではない、脂質、タンパク質、ビタミン（13種類）、ミネラル（16種類）も、生命と健康を維持するためには必須である。ビタミンやミネラルの必要量はきわめて少なく、1日当たりミリグラム、種類によってはマイクログラム（1マイクログラムは1グラムの100万分の1）の単位であるが、それでも摂取しなければ必ず健康障害が発生する。このように、摂取しないことのみによって、健康に障害（欠乏症）を起こす食品成分（糖質、脂質、タンパク質、ビタミン、およびミネラル）は「栄養素」と呼ばれる。逆にいえば、栄養素とは一次機能に関わる食品

成分である。

（2）食品の二次機能

　ブドウ糖に代表される糖質は甘い。ヒトを含むほとんどの動物は本能的に甘いものを好む。生命維持に必要な糖質を味覚によって選別しているのである。同様に、だしの味（旨味）、脂っこい味、塩味も、それぞれタンパク質、脂質、食塩（ナトリウム）といった栄養素を選別するためのものであり、多くの動物が好む味である。このように、主要な栄養素は動物にとって好ましい味を持っている。したがって、「おいしいもの」は身体に必要なものであり、「おいしいものを食べたい」という欲求は本能的なものといえる。

　しかし、ヒトは飢餓の恐怖から解放されるにしたがって、「おいしい」という感覚自体を快楽として捉えるようになった。つまり、食品を「生命維持のための栄養素の供給源」ではなく、「快楽を得るための嗜好品」と捉えるようになったのである。食品がヒトに快楽を与える機能は、食品の二次機能、または嗜好感覚機能と呼ばれる。食品が嗜好品として快楽の対象に変化したことは、生殖行為が子孫を残すという本能的なものから、セックスという名称の快楽的なものに変化したことと類似している。

　上述のように、ヒトは本能的に栄養素を「おいしい」と感じるようにプログラムされていた。しかし、飢餓から開放されると、場合によっては酸味（本来は食品の酸敗に対する感覚で注意信号を意味）や苦味（本来は毒物に対する感覚で「食べるな」という赤信号を意味）までも「好ましい」ものとして受容し、嗜好するようになった。さらに、食品のおいしさには、味以外に、香り、色、形状、テクスチャー（食品の物理的性質、食感に相当）も関係している。これらのファクターは、一次機能を担う栄養素のみで説明できない。「酸味」や「苦味」の受容、および、色、香り、テクスチャーに対する好みは、時代や民族ごとに大きく異なるため、文化的な味覚といえる。食品の二次機能に関する研究が困難なのは、「おいしさ」に生理学的要因だけではなく文化的要因が加わっているためである。

　「おいしさ」のもたらす快楽は強烈であり、必要量以上に食事を摂ることにつながる。必要量以上に摂取した糖質、脂質、タンパク質は、身体内で脂質に

変化して蓄積されるため、肥満を引き起こす。飢餓の恐怖から開放された先進国では、食品を「快楽」として嗜好し、結果として多数の肥満者を誕生させている。

(3) 食品の三次機能

図10-1は、人口動態統計の数値[5]をもとに日本人の死因別死亡率の年次推移を図示したものである。わが国においては、多くの先進国と同様に、ほとんどの感染症が克服され、死亡原因の上位が悪性新生物（がん）や虚血性疾患（血管がつまることによって発生する疾患、脳梗塞や心筋梗塞などが含まれる）などの慢性疾患によって占められるようになった。疫学研究は、このような慢性疾患の発生には、日常の生活習慣、とくに食習慣が大きく関わっていることを明らかにした。このような中で、慢性疾患に罹りにくい食習慣、ひいては

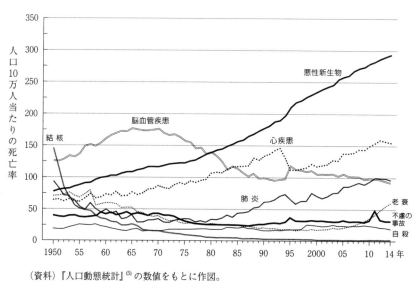

図10-1　日本人の死因別死亡率の年次推移（1950～2014年）

（資料）『人口動態統計』[5]の数値をもとに作図。

---

(5) 厚生労働省（2014）『人口動態統計、死因年次推移分類別にみた性別死亡数及び率（人口10万対）』、http://www.e-stat.go.jp/SG1/estat/List.do?lid=000001137965 より2015年11月14日にダウンロード。

これらの疾患を予防できる食品成分があると信じられ、食品が特定の疾病を予防する機能を食品の三次機能と呼ぶようになった。慢性疾患を予防する努力は、健康の水準を一段高くすることを意味しており、健康増進といわれることから、食品の三次機能は健康増進機能ともいう。食品の三次機能は、色素成分などの非栄養素、または必要量以上の栄養素摂取がもたらす疾病予防機能といえる。

食品学者らは、三次機能に関わる成分（これを機能性成分という）を継続的に摂取すると、生体に起きる様々な生理反応が微妙に調節されて疾病にかかりにくい状況が生じると考えており、食品に緩やかな薬理効果を期待しているともいえる。西洋におけるハーブの効用、中国における薬膳、医食同源の考え方などもこの機能に一致する。大豆イソフラボン、ココアのポリフェノール、茶のカテキンなど、マスメディアに何度も取り上げられ、一般の人々にも「身体にいい成分＝機能性成分」として馴染まれている食品成分も多い。これらを意図的に含ませた食品は、機能性食品あるいは健康食品と呼ばれており、いまや食品会社のドル箱的な存在となっている。しかし、後述のように、機能性食品の科学的根拠は脆弱である。

3 食生活の改善

（1）食生活での優先事項

食生活において、優先すべき食品機能は何だろう。筆者は一次機能がもっとも重要と考える。おいしさや特定の疾病の予防というのは、栄養素が充足されてから考慮すべきことである。一次機能を無視して二次機能に溺れれば、人間は太り、肥満となる。また、一次機能を無視して三次機能を優先することは、栄養素を十分に摂らずに非栄養素をたくさん摂ることを意味し、極端な場合には栄養失調を起こす。食品の二次機能と三次機能に言及するには、一次機能の充足、つまり各栄養素が適切に摂れていることが絶対条件なのである。

少し大袈裟ではあるが、国家が栄養政策をすすめる場合の優先順位を筆者なりに考え、**表10-1**に示した。一次機能の確保、すなわち栄養素の充足の中でも最も重要なのは、エネルギーの確保、すなわち主食の確保である。ついで、

第10章　食品の機能と健康

表10-1　栄養政策における優先順位

1. エネルギーの確保（食事量の確保）
2. タンパク質の確保（子供の成長の保証）
3. 適正な脂質摂取
   先進国：過剰な脂質摂取を抑制、摂取脂肪酸の種類を配慮（生活習慣病予防）
   発展途上国：脂質摂取を高める（子供の飢餓の防止）
4. 主要ビタミンとミネラルの適正摂取
5. マイナーなビタミンとミネラルの適正摂取
6. おいしい食事の供給
7. 機能性成分の活用

新陳代謝や子供の成長に必要なタンパク質の確保である。この２つさえクリアしていれば深刻な栄養失調が起こることはない。

　エネルギーとタンパク質が確保できれば、食事の質に立ち入ることができる。食事の質の中で優先すべきことは、脂質の摂取量と質を適正な範囲に保つことである。脂質摂取の適正化の意味は先進国と発展途上国とでは異なる。先進国では、脂質、とくに動物性脂肪の摂り過ぎが、肥満の増加、ひいては虚血性疾患の増加に繋がっている。また、植物油の過剰摂取によるアレルギーの増加も指摘されている。つまり、先進国における脂質摂取の適正化の意味は、「摂り過ぎとバランス（動物性脂肪、植物油、魚油の摂取比率）に注意」である。一方、発展途上国は逆に「高脂質の食品をもっと摂取しよう」である。脂質はグラム当たりのエネルギー量が糖質とタンパク質の２倍以上であり、エネルギー効率はきわめて大きい。つまり脂質を食べることによって食事量は減らすことができる。発展途上国では、しばしば大人は飢餓になっていないのに、子供だけが飢餓になっていることがある。子供は胃袋が小さいため、脂質の少ない効率の悪い食事を摂ると、必要なエネルギー量を確保する前に満腹になる可能性がある。つまり、１日を３食と限定した場合、脂質がある程度含まれたエネルギー効率の高い食事でないと、子供は必要なエネルギーが確保できないといえる。

　４番目に優先すべきことは、主要なビタミンとミネラルの確保、５番目がマイナーなビタミンとミネラルの確保である。ここでマイナーというのは、１日当たりの必要量が１ミリグラムにも満たないという意味である。以上の５つの

Ⅲ 食の安全・安心と健康リスク

項目は一次機能に関することである。一次機能がもっとも重要という立場からは、この5項目がクリアできて、ようやくおいしいものを食べるということと、三次機能に関わる成分の活用ということになる。

日本は4番目の項目がまだ達成できていないというのが現状である。現在の日本は飽食で栄養不足などあり得ないと考えがちであるが、後述のごとく主要なビタミンやミネラルが摂取不足のヒトは相当数存在する。したがって機能性成分に期待をかける前提条件は成り立っていないと判断すべきである。

（2）カルシウムと脂質

食生活における優先順位を誤っている例を紹介しよう。図10-2は、厚生労働省が毎年実施している国民・健康栄養調査の結果[6]をもとに、日本人のカルシウム、脂質、乳製品の摂取量の年次推移を図示したものである。日本人の平均的なカルシウム摂取量は、食事摂取基準（毎日どれだけの量の栄養素を摂取すればいいかを厚生労働省が示したもの）が定めるカルシウムの推定平均必要量を下回っている。日本ではこのようなカルシウム摂取不足に対応するため、

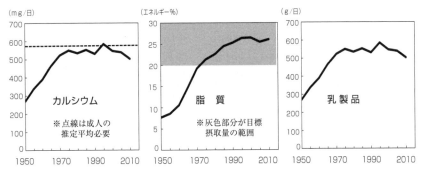

図10-2　カルシウム、脂質、乳製品の平均摂取量の年次推移

（資料）厚生労働省のHP (http://www.mhlw.go.jp/bunya/kenkou/kenkou_eiyou_chousa.html)に示されている年度ごとの「国民・健康栄養調査成績」を5年ごとにダウンロードして得たデータから作図した。

---

[6] 厚生労働省のホームページ (http://www.mhlw.go.jp/bunya/kenkou/kenkou_eiyou_chousa.html) に一覧のある年度ごとの国民・健康栄養調査成績（アクセス日：2015年11月13日）。

1980年頃までカルシウム含量の高い乳製品を摂ることを盛んに呼びかけていた。すなわち、毎日1本の牛乳を飲むことを奨励したのである。その結果、乳製品摂取の増加とともにカルシウム摂取の数字は確かに増えた。しかし、乳製品は脂質含量が高いため、脂質の摂取量が増加し、適正な摂取範囲の上限に近づいてしまった。カルシウム摂取量の充足を図るために乳製品の摂取を奨励した結果、脂質の摂取量が増えてしまったのである。脂質の摂取を適正範囲に保つというのは、カルシウムの十分な摂取よりも優先度が高い。この事例は、ある微量栄養素（または食品成分）の摂取を充足させるための努力が、重要度がより上位の栄養素の摂取にとってマイナスに作用する場合のあることを示している。

4 三次機能は活用できるか

（1） β-カロテンの失敗

食品の三次機能を応用すれば本当に病気の予防につながるのだろうか。いくつかの研究例を紹介する。緑黄色野菜を大量に食べる人には、がんの発生が少ないという観察研究が存在した。このような観察をきっかけに、がん予防に関わる緑黄色野菜中の成分が探索され、色素の一種であるβ-カロテンが注目された。細胞を用いた試験管内の実験において、β-カロテンに強い抗酸化力が確認されたことなどがその理由であった。そして、以下に述べるような、実際の人間集団にβ-カロテンを意図的に投与する大規模な疫学的介入研究が行われた[7]。

50歳以上の喫煙習慣をもつ3万人近いフィンランド人の男性を4つのグループに分け、それぞれに対して、α-トコフェロール（ビタミンE）単独、β-カロテン単独、ビタミンEとβ-カロテンの両方、プラセボ（偽薬）が投与された。介入開始から5〜8年後、対象者中の876人に肺がんが発生した。これを群別に比較すると、図10-3に示すように、がん発生が減ると考えられてい

（7） The Alpha-Tocopherol, Beta Carotene Cancer Prevention Study Group (1994) The effect of vitamin E and beta carotene on the incidence of lung cancer and other cancers in male smokers. N Engl J Med, 330, 1029-1035.

III　食の安全・安心と健康リスク

図10-3　β－カロテン投与による肺がんの発生率の増大

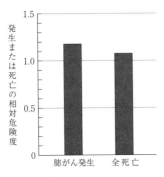

フィンランドで行われた研究。50～69歳の喫煙習慣のある男性29,133名を研究対象とした。対象者を①α-トコフェロール（ビタミンE）50mg／日投与、②β-カロテン20mg／日投与、③両方投与、④偽薬投与の4群に分け、5～8年追跡した。対象者から876名の肺がん患者が発生した。統計的に解析すると、ビタミンE投与の影響はなかったが、β-カロテンを投与された人では、肺がん発生のリスクが偽薬投与者に比べて18％、全死亡のリスクが8％増加していた。

（資料）注（7）の文献より引用。

たβ-カロテン投与群において肺がんにかかる人が多いことが判明した。すなわち偽薬を投与した人に比較して、β-カロテンを与えた人たちでは18パーセント肺がん患者が増えていた。この増加は誤差ではなく、統計的に意味のある増加だった。この研究は10年間継続する予定だったが、ただちに中止命令が出た。さらに、ほぼ同時期にアメリカでも同じような結果が出た。β-カロテンをたくさん摂取すれば、がんの予防になるはずだったが、逆の結果になったのである。最近では、喫煙習慣を持つ人がβ-カロテンを大量に摂取すると、悪影響が発生することが定説になりつつある[7]。この研究は、緑黄色野菜のもつ健康増進効果をβ-カロテンという単一の成分の効果としたところに誤りがあったことを意味している。まるごとの食品のもつ効果を単一の成分に帰すところに無理があると思われる。

（2）食物繊維と大腸がん

食品を消化酵素で処理してとき、溶け出さずに残渣となる部分がある。このような残渣の中で、燃えるものを「食物繊維」と定義している。食物繊維は食品中の消化吸収されない部分であり、糞便の主成分でもある。食物繊維には水分をはじめとする様々な成分を吸着する性質がある。ゆえに食物繊維を多く摂取すると、糞便は軟らかくなり、かつ量が増える。逆に、食物繊維の少ない食生活では、糞便は硬く、量も減るので、便秘を起こしやすくなる。

図10-4 植物繊維摂取量と大腸がん発生リスクとの関連性

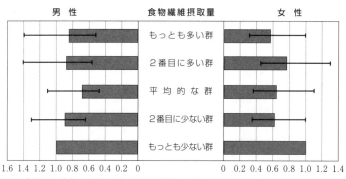

大腸がん発生のハザード比（植物繊維摂取の「もっとも少ない群」を1とした相対値）

（資料）注（8）の文献のデータより作図。

便秘は大腸がんにかかるリスクを高めることから、食物繊維を多くとれば大腸がんの予防につながると一般には理解されている。しかし、日本の国立がんセンターが行った疫学研究の結果[8]は、一般の理解とは少し異なったものであった。

　がんセンターは、日本各地の公衆衛生研究所の協力によって収集した約9万人の食事記録にもとづき、食物繊維摂取量の多少によって5つの群を設定した。そして5年間追跡を行い、各群の大腸がん発生率を比較した。図10-4は、各群の大腸がん発生リスクを食物繊維摂取量がもっとも少ない群を1として相対的に示したものである。この図からは次の2つのことがいえる。まず、男性では食物繊維の摂取量と大腸がん発生リスクとの間に明確な関連は存在しないということである。2つ目は、女性では食物繊維摂取量と大腸がん発生リスクとの間に関連はあるが、大腸がん発生リスクは食物繊維摂取量がもっとも少ない群が高いだけであり、その他の群の間には差がないということである。このことは、食物繊維摂取量と大腸がん発生リスクとの関連が一般のヒトが信じて

---

(8) Otani T, Iwasaki M, Ishihara J, Sasazuki S, Inoue M, Tsugane S, Japan Public Health Center-Based Prospective Study Group (2006) Dietary fiber intake and subsequent risk of colorectal cancer: the Japan Public Health Center-based prospective study. Int J Cancer, 119, 1475-1480.

いるほどに大きなものではなく、女性で食物繊維摂取量が極端に少ない場合にのみリスクが高まることを示している。食物繊維を平均よりも多く摂っても大腸がんを予防できる確率は高くならないのである。

(3) 抗酸化物成分によって慢性疾患は予防可能か

　酸素は生物の生存に必須であるが、その高い反応性ゆえに様々な物質を酸化する。生体成分が酸素によって酸化されると過酸化物質が生じ、酸化ストレスを引き起こす。がんや心臓血管系の疾患に酸化ストレスが関わるので、抗酸化成分の積極的摂取によって慢性疾患の予防が可能とする主張は多い。日本でも、酸化ストレスを有する「活性酸素」や「過酸化物」を消去するために、様々なビタミンや食品由来の抗酸化成分を含有した健康食品や機能性食品が多数販売されている。しかし、米国の Preventive Services Task Force は、代表的な抗酸化成分であるビタミンA、ビタミンC、ビタミンE、葉酸を含有するマルチビタミン、その他の抗酸化成分の混合物に関して、がんと心臓血管系疾患を予防するという証拠はまったく不十分であり、これらを積極的に摂取することは勧めないという結論を下している[9]。

　化学的には、酸化とは電子を分子から引き抜くこと、還元とは逆に電子を分子に渡すことを意味する。安定な分子から見ると、電子を取られることも渡されることも不安定な状態になることを意味する。つまり、酸化の反対の還元であっても有害な場合はある。抗酸化成分は還元作用が強いので過酸化物が存在して酸化ストレスの強い状況では生体にとって有益かもしれないが、そうでない状況ではかえって有害である可能性も考えなくてはならない。米国 Preventive Services Task Force の勧告も、抗酸化成分の摂りすぎに対しての警告であるといえよう。

(4) 機能性成分研究の問題点

　食品の三次機能を応用した機能性食品の研究には様々な問題がある。機能

---

[9] U.S. Preventive Services Task Force (2003) Routine vitamin supplementation to prevent cancer and cardiovascular disease: Recommendations and rationale. Ann Intern Med, 139, 51-55.

性成分に関しての動物実験では、栄養素のみで構成された基本飼料を与えた群と基本飼料に機能性成分を加えた飼料を与えた群を設定することが多い。ヒトの食事が栄養素と非栄養素によって構成されていることを考えると、栄養素のみの基本飼料はきわめて不自然なものである。基本飼料と機能性成分を加えた飼料を比べれば、後者の方が普段の食事に近く、基本飼料が特殊といえる。疫学研究から得られている結果のほとんども、栄養素であれ非栄養素であれ、普通の食生活と比較して摂り方が少ないと何らかの疾病に罹りやすくなるというものである。したがって、動物実験の結果は、日常の食事から特定の成分を除くと、健康の維持にとってマイナスに作用することがあると解釈すべきだろう。なお、疫学研究において、機能性成分を日常の摂取量よりもたくさん摂ったときに効くという結果はほとんどない。先に述べたβ-カロテンのように、増やしたらむしろ逆効果だったというものが多いことにも留意すべきである。

　健康食品や機能性食品がもてはやされる背景には、食品会社と研究者側にそれぞれの事情がある。食品業界は日銭の入る堅実な商売といえる。しかし必要以上に人は食べないので、大儲けはできない。食品をたくさん売ろうとすれば何らかの付加価値をつける必要がある。そこで機能性成分を加えた食品をつくり、それを高い値段で売ろうというのである。一方、研究者は研究費を自己調達しなければならない。食品に携わる研究者の研究費調達先は大半が食品会社である。スポンサーの意向を無視する研究は進めづらい。結果として、食品の機能性を過大に評価する研究が多数出現することになる。

　さらに、消費者にも問題がある。現代の日本人は「日常」や「普通」の生活を軽視し、他人と違う変わったことを求めがちである。食生活においても、特別な「これさえ食べればいい」ものを求める傾向にある。しかし、食品に医薬品もどきの役割を求めるのは間違いである。健康な食生活は、主食と多様な食材を使った副食によって構成される食事を適量摂取することによって達成できるのである。

III 食の安全・安心と健康リスク

むすび ── 身体にいい食品とは

「これは身体にいいから食べなさい」、「〇〇って身体にいいのでしょう？」という言葉を耳にすることは多いが、そのことを深く吟味する人は少ない。世間が身体にいい食品として喧伝するものは時代と共に変化している。

栄養失調が深刻な時代、身体にいい食品とは「少量で効率良くエネルギーやタンパク質の確保できる食品」、すなわち高エネルギー高タンパク質の食品であった。デンプン濃度の高い白米、高脂質高タンパク質の畜肉など、今日では生活習慣病に繋がるとしてその摂取を控えるようにいわれる食品が「身体にいい食品」だった。そんな時代にうまれた菓子のキャッチコピーが「一粒300メートル」だったのである。エネルギーとタンパク質が充足されると、人々の関心はビタミンとミネラル、すなわち微量栄養素に向けられる。カルシウムの豊富な乳製品と小魚、ビタミンが豊富な緑黄色野菜が「身体にいい食品」となった。食物繊維の機能に関心が集まると、食物繊維が豊富な野菜、さらには海藻やコンニャクまでもが「身体にいい」とされた。そして昨今の機能性成分のブームである。かつては食品の栄養効率を低下させる有害物であり、「反栄養物質」として忌避された成分、すなわちポリフェノール、大豆イソフラボン、トウガラシ辛味成分のカプサイシンなどの非栄養素を大量に含む食品が「身体にいい」とされる時代になった。

食べ過ぎの人の場合、栄養素の効率を低下させる「反栄養物質」を摂取することは、結果として肥満や生活習慣病の予防に繋がるかもしれない。しかし、一般成人よりも栄養素要求量が大きい成長期や妊娠女性が「反栄養物質」を摂取することは避けるのが賢明である。さらに繰り返しになるが、機能性成分、すなわち非栄養素を大量に含む食品だけを摂取することは、肝心の栄養素の摂取量確保にとってはマイナスである。食生活をとおして健康を維持する基本は、栄養素を過不足なく摂取することに尽きる。食品の栄養機能を正しく理解し、適量の摂取を心がければ、どのような食品でも「身体にいい食品」となることを強調したい。

なお、内閣府食品安全委員会では、2015年に「いわゆる「健康食品」に関

表10-2　内閣府食品安全委員会による「健康食品」に対するメッセージのエッセンス

■「食品」であっても安全とは限りません。

- 健康被害のリスクはあらゆる食品にあります。身近な「健康食品」にも健康被害が報告されています。
- 「天然」「ナチュラル」「自然」のものが、安全であるとは限りません。これは食品全般に言えることです。
- 栄養素や食品についての評価は、食生活の変化や科学の進展などにより変わることがあります。健康に良いとされていた成分や食品が、その後、別の面から健康を害するとわかることも少なくありません。

■多量に摂ると健康を害するリスクが高まります。

- 錠剤・カプセル・粉末・顆粒の形態のサプリメントは、通常の食品よりも容易に多量を摂ってしまいやすいので注意が必要です。

■ビタミン・ミネラルをサプリメントで摂ると過剰摂取のリスクがあります。

- 現在の日本では、通常の食事をしていればビタミン・ミネラルの欠乏症が問題となることはまれであり、ビタミン・ミネラルをサプリメントで補給する必要性を示すデータは今のところありません。健全な食生活が健康の基本です。
- むしろサプリメントからの摂り過ぎが健康被害を起こすことがあります。特にセレン、鉄、ビタミンA、ビタミンDには要注意です。

■「健康食品」は医薬品ではありません。品質の管理は製造者任せです。

- 病気を治すものではないので、自己判断で医薬品から換えることは危険です。
- 品質が不均一、表示通りの成分が入っていない、成分が溶けないなど、問題ある製品もあります。成分量が表示より多かったために健康被害を起こした例があります。

■誰かにとって良い「健康食品」があなたにとっても良いとは限りません。

- 摂取する人の状態や摂取量・摂取期間によって、安全性や効果も変わります。
- 限られた条件での試験、動物や細胞を用いた実験のみでは効果の科学的な根拠にはなりません。口コミや体験談、販売広告などの情報を鵜呑みにせず、信頼のできる情報をもとに、今の自分とって、本当に安全なのか、役立つのかを考えてください。

するワーキンググループ」を設け、すべての健康食品・機能性食品に対してのメッセージを発信している。**表10-2**は、そのエッセンスとして食品安全委員会のホームページに掲載されているものである[10]。本章で述べてきた内容と一致する部分が相当あるので一読いただきたい。

(参考図書)（第11章の参考書も参照のこと）

高橋久仁子（2003）『「食べ物神話」の落とし穴―― 巷にはびこるフードファディスム』講談社。

高橋久仁子（2007）『フードファディズム』中央法規出版。

菱田明・佐々木敏監修（2014）『日本人の食事摂取基準 2015年版』第一出版。

伏木亨・吉田宗弘編著（2011）『改訂 基礎栄養学』光生館。

森田潤司・成田宏史編（2016）『新食品・栄養科学シリーズ 食品学総論 第3版』化学同人。

吉田宗弘（2012）『改訂 食生活を科学する――人と食べ物の関係』文教出版。

---

(10) 内閣府食品安全委員会（2015）『「健康食品」に関する情報』、http://www.fsc.go.jp/osirase/kenkosyokuhin.html（アクセス日：2015年12月14日）。

第11章　食生活と健康との関わり

吉田宗弘

はじめに

　世界には様々な民族が存在し、ごく最近まではそれぞれが固有の食生活を営んできた。地域ごとの自然環境の違いが食材の種類と量を決め、地域・民族ごとに異なる食生活を産み出したのである。

　日本は湿潤温暖な気候であり、米という穀物の栽培に適していた。また、このような気候は草原ではなく森を育てる。畜産という食糧生産手段には大規模な草原が必要であるため、日本では大規模な畜産が行えなかった。しかし、四方を海に囲まれていたことにより豊富な海産物を入手した。日本の気象条件が日本人に米と海産物を選択させたのである。

　この章では、米を中心とした日本を含むアジアの食生活と畜産物に依存する欧米型の食生活について解説するとともに、食生活と疾病との関連について言及する。

1　米と日本人

（1）稲作の起源

　栽培イネの起源に関しては諸説ある。佐藤洋一郎氏は、日本で栽培されている短粒のジャポニカ種の起源は中国の長江流域であり、長粒のインディカ種はジャポニカ種が熱帯地域に拡大したさいに自然交配によって高温耐性を獲得し

たことによって生まれたと主張している[1]。この説に従えば、ジャポニカ種の原産地は温帯モンスーン気候帯であり、インディカ種はこれに熱帯原産の野生イネの形質が加わったものとなる。このように、イネは品種ごとに適した温度帯は異なっているが、湿潤温暖な気候を好む植物であるといえる。

日本へのイネの伝来は数次にわたったと考えられるが、もっとも古いのは縄文時代に中国の長江下流域から伝わったものと思われる。イネは他のイネ科の雑穀類（アワ、ヒエ、キビなど）に比較して粒が大きく、食味も良いため、入手した人々は競ってこれを栽培したのであろう。

（2）米に含まれる栄養素

表 11-1 は、主要な穀物に含まれる栄養素量をまとめたものである[2]。玄米 100 グラムには 353 キロカロリーの熱量と 6.8 グラムのタンパク質が含まれている。成人が 1 日に 500 グラムの米を食べれば、1765 キロカロリーのエネルギーと 34 グラムのタンパク質が摂取できることになる。成人が 1 日に必要なエネルギーは約 2000 キロカロリー、タンパク質は約 50〜60 グラムであるから、500 グラムの玄米によってエネルギーは 1 日必要量の約 80 パーセント、タンパク質は約 60 パーセントが確保できる計算になる。ゆえに、500 グラムの米が確保できていれば、これに大豆製品、魚、および野菜を少量組み合わせ

表 11-1 主要穀物 100 グラム当たりの栄養素含有量

穀　　物	エネルギー (kcal)	たんぱく質 (g)	ビタミン B1 (mg)
玄米（水稲）	353	6.8	0.41
精白米	358	6.1	0.08
小麦（全粒、輸入硬質）	334	13.0	0.35
小麦粉（強力粉）	365	11.8	0.09
ソバ（全層粉）	361	12.0	0.46
トウモロコシ（全粒）	350	8.6	0.30

（資料）「日本食品標準成分表 2015」[2] より抜粋。

（1）佐藤洋一郎（2008）『イネの歴史』京都大学学術出版会。
（2）文部科学省科学技術・学術審議会資源調査分科会（2015）『日本食品標準成分表 2015 年版（七訂）』全国官報販売協同組合。

ることで栄養面では申し分のない食事が作成できる。日本人が米に執着したことは栄養学的に間違いではなく、米に出会ったことによって深刻な栄養失調に遭遇するリスクは大幅に低下したのである。

（3）米本位社会

　比重を考慮して500グラムの米を尺貫法に換算すると約3合となる。1年365日を乗じると、成人1人が1年間に必要な米は約1000合＝1石となる。太閤検地以降は1石の米が生産できる田の面積を1反と考えており、田の面積がわかれば領地から収穫できる米の石高は容易に推定が可能であった。そして、1石が成人1人の年間米消費量ということは、石高＝「扶養可能な人口」となる。すなわち、50万石は人口50万人を扶養できる農地を持つことを意味したのである。

　江戸期以前、日本社会は一種の米本位社会であり、米は生命の糧であるとともに一種の通貨でもあった。すなわち、武士に対する給与が米だったのである。100石の米が収穫できる土地を与えられる場合を知行取り100石といい、その土地から年貢として納められる米が収入になった。また、養う人数分に相当する米を扶持米として支給される場合もあり、10人扶持などと呼ばれた。武士は給与として得た米を市場価格で売ることによって現金化し、生活費に充てていた。このシステムにおける武士の収入は収穫高と米の市場価格によって変動しており、安定したものではなかったと推定できる。

　ちなみに、検地における石高は全国一律であった。同じ農地面積でも、西南日本と東日本とでは実際の米の収量には大きな差が生じる。つまり、同じ10万石であっても北関東や東北の大名が名目より低い収量であり、薩摩などの西南日本の大名が名目よりも高い収量であったことは容易に想像できる。江戸末期に西南諸藩が藩政改革や西洋技術導入などを進めて明治維新を起こしたことは必然だったといえる。

Ⅲ 食の安全・安心と健康リスク

2 小　麦

　小麦は、原産地が中央アジアのコーカサス地方あたりといわれており、メソポタミア地方で栽培化された[3]。米よりも乾燥や低温に強いが、米が好む高温多湿な環境は苦手である。このため、小麦は中東、北アフリカ、ヨーロッパ各地で栽培されたが、アジアにおいては中国の黄河流域、日本では雨の少ない瀬戸内や冷涼な北海道において盛んに栽培された。北京料理に様々な食材を小麦生地で包む形態の料理があることや、香川県の名産が讃岐うどんであることは、これらの地域が小麦栽培の中心であったことと関連している。日本では、米の裏作として小麦を栽培することも多く、小麦の収穫は初夏であった。麦秋という初夏を表す季語は、収穫期の小麦畑がまるで秋の稲穂を見るように黄金色に輝いていることから生まれたのである。

　調理の段階における米と小麦の最大の違いは、米が粒食であるのに対して小麦が粉食だということである。玄粒を精白するとき、米は糠層を削って胚乳部分だけを残すことが可能であるが、小麦はその凹んだ形状ゆえに麩（ふすま：小麦の糠（ぬか）に相当する）部分を除く過程で粒が崩れるからである。粉を食べるには工夫がいる。このことは小麦の欠点とされた。しかし、調理を工夫したことで多様な料理が誕生した。小麦粉に水を加え練ることによって生地（ドウ）ができる。当初、ドウはそのまま焼いて食されることが多かったが、やがて醱酵させて膨張したドウを焼くようになった。パンの誕生である。一方、ドウを様々な形態に切断して熱湯中で煮ることで、麺類を含めた種々のパスタ類も生まれた。さらに様々な濃度の小麦生地の上に種々の食材をトッピングして焼き、ソースをかけて食べる料理、すなわちピザやお好み焼きも誕生した。このように小麦を使った料理は多様であり、広がりがある。粒のままおいしく食べることが可能という米の特徴は、かつては長所とされた。中尾佐助氏はその著書「栽培植物と農耕の起源」の中で、「主食を小麦から米へ転換した民族は多

（3）長尾精一（1995）『小麦の科学』朝倉書店。
（4）中尾佐助（1966）『栽培植物と農耕の起源』岩波新書。

いが、その逆はない」と述べておられる[4]。しかし、今日、先進国では様々な工夫と味付けという小麦の面倒さが逆に献立の多様性を高めると歓迎されており、米の旗色は悪くなっている。

3 エネルギーバランスから見たアジア型食生活と欧米型食生活

(1) 米を中心にしたアジア型食生活

つぎに、日本の食生活をエネルギーバランスの面から眺めてみる。先にも述べたが、人間は1日に約2,000キロカロリーのエネルギーを必要とする。ヒトの体の中でエネルギーに変換される栄養素は、いわゆる三大栄養素といわれる糖質、脂質、タンパク質である。次ページの図11-1は、日本、ラオス、欧州（ベルギー、フランス、ギリシア、英国）のエネルギー摂取における糖質、脂質、タンパク質の構成比を示したものである[5]〜[8]。

東南アジアのラオス、および1950年の日本のエネルギー摂取は著しく糖質に依存している。すなわち、エネルギーの約80パーセントが糖質由来であり、脂質由来は10パーセント未満でしかない。このパターンは食事中での穀物のウェイトが高い場合に生じる。現在、ラオスでは1日に約3合の米を食べており、米本位制であった明治より前の日本の状況に似ていると考えられる。一方、1950年当時の日本は1日に約2合の米を食べていた。現在のラオスよりも米の消費量は少ないが、その差は動物性食品ではなく、高糖質食品である小麦やイモなどによって埋め合わされていたため、ラオスと同様の糖質に大きく

---

(5) Elmadfa I (2009)『European Nutrition and Health Report 2009』, Karger, Basel.
(6) 厚生労働省(1950)『「国民栄養の現状」レポート 昭和25年』、http://www0.nih.go.jp/eiken/chosa/kokumin_eiyou/1950.html （2015年11月30日）。
(7) 厚生労働省(2015)『平成25年国民健康・栄養調査報告』、http://www.mhlw.go.jp/bunya/kenkou/eiyou/h25-houkoku.html （2015年11月30日ダウンロード）。
(8) Food and Agriculture Organization of the United Nations (2003)『Nutrition Country Profiles. Laos』, FAO, Rome、http://www.fao.org/ag/agn/nutrition/lao_en.stm （2015年12月2日ダウンロード）。

III 食の安全・安心と健康リスク

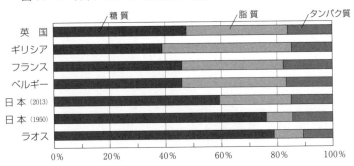

図11-1 日本、ラオス、欧州各国の摂取エネルギー比率

数値は総エネルギー摂取量を示す。いずれもアルコールからの摂取は除いている。欧州の数値は男女の平均値。日本の1950年の数値は都市部に関するもの。英国は2003〜05年、ギリシアは1998〜2001年、フランスは2006〜07年、ベルギーは2004年、ラオスは1998〜2000年に実施された調査の結果である。
欧州の数値は注（5）、日本は注（6）（7）、ラオスは注（8）の文献データに拠った。

依存した摂取パターンになった。このような米に依存する食生活の副食は、大豆、イモ、野菜、魚である。米の栽培地域は高温多湿であるため、食塩を用いて食品を保存した。食塩を用いた保存食品を「醤（ひしお、ジャン）」といい、その中から醤油や魚醤などの食塩系調味料が生まれた。1日に2〜3合の米を主食、野菜、イモ、大豆、魚を副食とし、醤油、魚醤、味噌などの食塩系調味料を用いる食生活をアジア型食生活という。栄養学では、この食生活を低脂質、高糖質、高食塩、高食物繊維と表現することが多い。日本では、このような食生活が高度経済成長の始まる昭和30年代まで継続していた。

低脂質かつ高食物繊維の食事はエネルギー効率が低い。ゆえに、栄養上の必要量を賄うには腹一杯食べる必要がある。経済状態が低くて食糧供給が不十分な場合、アジア型の食事は栄養不足に陥りやすいといえる。

（2）畜産物に依存する欧米型食生活

図11-1に示すように、欧州各国は脂質から40パーセント前後のエネルギーを得ている。このような脂質への依存度が大きい食事パターンを欧米型食生活といい、高脂質、低食物繊維と表現することが多い。穀物として小麦を採用した欧州では地中海周辺を除いて小麦の生産が安定しておらず、畜産によっ

第11章　食生活と健康との関わり

て不足分を補う以外に方法がなかった。畜産の内容は農業生産の安定性によっても変化した。欧州の中南部ではある程度の安定した生産量が期待できたため、人々は農民として定住し、残飯と森の木の実（ドングリ）で豚を飼育した。秋の終わりに豚を解体して血液や臓物も含めて塩蔵し、ソーセージやハムに加工したのである。キリスト教がユダヤ教にあった豚肉食のタブーを継承しなかったのは、欧州において豚をメニューから外すことが不可能であったためである。

　一方、欧州の外に位置する乾燥地域の人々は定住せずに草原を求めて羊とともに移動し、そのミルクと肉を利用する遊牧生活を営んだ。遊牧生活ではミルクが大量に得られるので、これを保存する技術が発達し、チーズやバターが生まれた。欧州は冷涼であるため、大量の羊を飼育するのに必要な草原が常に存在していた。このため、欧州では定着して農業を行いつつ羊（のちには牛）を放牧飼育する生活形態が生まれ、チーズやバターも食生活に取り込まれた。羊から得られる乳製品の生産量は比較的安定していたため、乳製品は欧州における主要な食糧になった。生ハム、フランクフルトソーセージ、プロセスチーズの脂質含有量をエネルギー比率で示すと、それぞれ65.8％、63.4％、69.0％にもなる。脂質に依存する欧米型食生活は豚と乳製品に依存することによって形成されたのである。

　このように、欧米型食生活は穀物が十分に獲得できないことを背景にして生まれたものである。しかし、ジャガイモやトウモロコシという高糖質食品が新大陸からもたらされても、あるいは米国という穀物の大量生産地域に移住しても、欧州の人々の食生活はアジアのような高糖質のパターンにはならなかった。欧州人は脂質から離れられなかったのである。その理由は、脂質のもつ魔力にある。脂質は高エネルギーの成分である（1グラム当たりのエネルギー量は、糖質4キロカロリー、脂質9キロカロリー、タンパク質4キロカロリーである）ため、飢餓のリスクが高い自然条件下では優先して食べるべきである。このため、私たちの舌と脳は脂質を「おいしい」と感じてしまう。しかもこの感覚には習慣性があり、逆らうことができない。すなわち、ひとたび脂質のおいしさを味わうと、高糖質の食品が得られる環境下であっても可能な限り脂質含量の高い食品を選択するのである。

　一方、地中海周辺は気候が温暖であり、十分な小麦が収穫できていた。しか

し、人々は小麦に依存する食生活ではなく、多様な食材をオリーブ油とともにおいしく調理して食生活を楽しむことを選択した。結果として脂質の消費量は多く、図11-1のギリシアの例でもわかるように、他の欧州各国と同等かそれ以上の高脂質の食事パターンになっている。このようなギリシアをはじめとする地中海諸国の食生活は、アジアと比較する場合は欧米型食生活の一変形と考えるが、脂質供給源がオリーブ油であることや水産物など多様な食材を用いるといった特徴があるため、地中海型食生活と呼んで英国などの欧米型食生活とは別のものに区分することも多い。

　高脂質の食事はエネルギー効率が高いため、腹一杯食べれば栄養的には過剰になる。経済的に豊かで十分な食糧供給が可能になると、欧米型食事は過食につながる危険性が大きくなるといえる。

(3) 豊かになると脂質の消費が増大する

　1950年以降の日本人の食品摂取量の推移を図11-2に示した[9]。日本人の米の消費量は1960年ごろをピークとして減少し、現在は1人1日150グラム足らずとなっている。これに代わって増加したのは、乳製品、肉、卵、すなわち畜産物である。つまり、日本人は1960年代から1970年代にかけて米を減らし、その代わりに畜産物を大量に食べるようになったといえる。この間、魚と豆の摂取量はほとんど変化がない。また、野菜も種類は変わったが量は変っていない。このような食生活の変化を「食生活の欧米化」と呼んでいる。

　ただし、この欧米化は完全なものではない。前出の図11-1に示すように、現在の日本人のエネルギー摂取パターンは糖質60パーセント、脂質25パーセント、タンパク質15パーセントであり、欧米のように脂質への依存が30％を超える状況ではない。アジア型と欧米型が融合した「半分だけ」の欧米化というのが正確な表現である。日本人が主食と副食の区分が明快な食事をとる限り、今後も欧米化は「半分だけ」の段階で足踏みを続けるだろう。

　畜産物の価格は穀物よりも高い。日本で食生活の欧米化が進展したのが高度経済成長期であったことでもわかるように、畜産物の消費が拡大して脂質の摂

---

(9) 厚生労働省 (2004)『国民栄養の現状．平成13年度国民栄養調査結果』第一出版。

図11-2　日本人の食品群別摂取量の推移

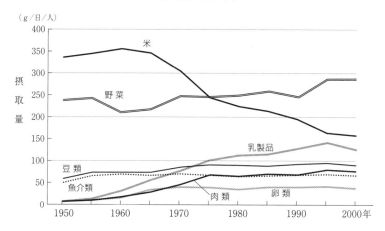

（資料）厚生労働省「国民栄養の現状」(2004年) より。

取が増えるには経済の成長が必須である。いくつかのアジアの国の1990年代後半の脂質エネルギー比率を比較すると、バングラデシュとラオスが約10％、ベトナム、カンボジア、フィリピンが約15％、中国が約20.0％であり、経済成長の程度をよく反映している[8]、[10]〜[14]。

脂質の魔力に取り憑かれたアジアの国々の脂質摂取量が日本と同じ水準で留まるのか、それとも欧米と同じ水準にまで高まるのか、今後の動向を注視したい。

---

(10) Food and Agriculture Organization of the United Natios (1999)『Nutrition Country Profiles. Bangladesh』FAOホームページ (http://www.fao.org/ag/agn/nutrition/bgd_en.stm) より (2015年12月3日)。
(11) 同上 (1999)『Nutrition Country Profiles. Cambodia』FAO,ホームページ (http://www.fao.org/ag/agn/nutrition/khm_en.stm) より (2015年12月3日)。
(12) 同上 (2003)『Nutrition Country Profiles. China』FAOホームページ (http://www.fao.org/ag/agn/nutrition/chn_en.stm) より (2015年12月8日)。
(13) 同上 (2003)『Nutrition Country Profiles. Philippines』FAOホームページ (http://www.fao.org/ag/agn/nutrition/phl_en.stm) より (2015年12月3日)。
(14) 同上 (2003)『Nutrition Country Profiles. Viet Nam』FAOホームページ (http://www.fao.org/ag/agn/nutrition/vnm_en.stm) より (201512月7日)。

Ⅲ　食の安全・安心と健康リスク

4　食生活と疾病の関係

　食生活が関わる健康障害は2つに分けることができる。1つは、エネルギーや特定の栄養素の不足によって短期間に生じる障害、もう1つは栄養素の過剰または栄養素摂取の偏りが関わる長期的な影響である。

（1）主要栄養素の不足がもたらす健康障害
　エネルギーやタンパク質の不足は一般に栄養失調（malnutrition）といい、軽度であっても全般的な体力の低下は免れない。この影響は成長期、とくに乳幼児において顕著である。栄養失調の中で、マラスムスは乳幼児が慢性的に重度なエネルギー不足の場合に発生する。発育の抑制、るいそう（極端なやせ）に加えて、サルのような表情になることが特徴である。
　一方、エネルギーが充足した状態で重度のタンパク質不足が継続すると、図11-3の写真に示すようなクワシオルコルが発生する。クワシオルコルの特徴は発育不良と腹水の蓄積である。免疫力も低下しており、感染症に罹患するリスクはきわめて高い。タンパク質が不足する食生活では多くの微量栄養素も不足しており、これらもクワシオルコルの発症に関わる可能性は大きい。

図11-3　クワシオルコルの症状を呈した少女
　　　（ビアフラ戦争中にナイジェリア難民キャンプで撮影）

（出典）クワシオルコルに関するWikipediaの解説（https://ja.wikipedia.org/wiki/%E3%82%AF%E3%83%AF%E3%82%B7%E3%82%AA%E3%83%AB%E3%82%B3%E3%83%AB）に掲載されている写真で、Public domainとして米国のDepartment of Health and Humanの一部門であるDisease Control and Preventionが提供したものである。

第11章　食生活と健康との関わり

（2）微量栄養素の不足がもたらす健康障害

　ビタミンやミネラルの不足が起こす健康障害も数多く存在する。ここでは、ビタミンの不足によって生じる3つの疾患を紹介する。

　脚気はビタミンB1の不足によって生じる疾患である。B1は糖質がエネルギーに変換される過程において必要なビタミンであり、これを欠くとエネルギー産生量が90％以上低下する。このため身体組織がエネルギー不足となり、最終的には心臓が停止して死に至る。ビタミンB1は米糠に大量に含まれるため、アジア型食生活の民族が玄米食を白米食に切り替えた場合に多発した。日本において継続的に白米食が可能だったのは、平安時代の貴族、および江戸中期以降の徳川将軍である。徳川13代の家定、14代の家茂はいずれも脚気のために若年時に死亡している。明治以降の日本では、陸軍が白米食を採用したために多くの兵士が脚気のために死亡した。日露戦争の旅順要塞攻略では多くの陸軍兵士が戦死したが、彼らの多くは戦う以前に脚気であり、戦闘能力が著しく低下していたといわれている。糖質以外のエネルギー源である脂質は、ビタミンB1がなくてもエネルギーに変換される。また、B1は畜産物に比較的多く含まれている。したがって、欧米型の食生活ではB1の必要量が低く、かつ食事からのB1供給量も多いため、脚気が生じることは稀であった。日本海軍は、この事実にもとづいて食事を洋食に切り替え、脚気を発生させることなく日露戦争に臨んでいる。

　壊血病はビタミンCの不足が招く疾患である。ビタミンCが不足するとコラーゲンが十分に合成できないため、結合組織が脆弱化する。脆くなった結合組織はわずかな圧力で壊れて出血を起こす。すなわち、壊血病とは組織が壊れて出血し、死に至る疾患である。ビタミンCは新鮮な野菜や果実に豊富に含まれるが、動物性食品や穀物にはあまり含まれていない。したがって、欧米型の食生活において不足がちなビタミンであった。壊血病が大きな社会問題になったのはいわゆる大航海時代である。この時代、欧州からは多くの人が船に乗りアジア、アフリカ、さらには新大陸に進出した。新鮮なオレンジが壊血病予防に効果的であることは知られていたが、当時は果実や果汁を保存する技術が不確実であったため、多くの人が船上で壊血病により命を落とした。

　ペラグラは、ナイアシンというビタミンの不足が招く疾患であり、下痢、皮

膚炎、中枢神経症状が生じる。ペラグラが多数発生したのは欧州人が進出して以降の北米だった。ペラグラを起こしたのは、トウモロコシに依存した食事をとった貧困層と囚人であった。ナイアシンはビタミンであるが、体内でトリプトファンというアミノ酸から合成される。このアミノ酸はタンパク質に含まれるため、良質のタンパク質を含む食事をとっていればナイアシンをとらなくてもナイアシン不足には陥らない。ところが、トウモロコシのタンパク質は質が悪いためナイアシンの原料となるトリプトファンをほとんど含んでいない。おまけにトウモロコシは、トリプトファンからナイアシンへの変換の邪魔をする物質も多く含んでいる。さらに、トウモロコシに含まれるナイアシンは他の物質と結合しており、人は利用できない。このような悪条件が重なり、ペラグラが多発した。もともとトウモロコシを食していたメキシコの人々にはペラグラは発生していなかった。彼らはトウモロコシを灰で処理してから食しており、この処理によってトウモロコシ中のナイアシンが人の利用できる形態に変わっていたのである。

(3) 食生活が関わる慢性疾患

　栄養素が欠乏していなくても食生活パターンの違いによって、疾病とくに慢性疾患の発症リスクは変化する。図11-4は、1960（昭和35）年の脳血管疾患死亡率を都道府県別に示したものである[15]。

　一般に脳卒中と呼ばれる脳血管疾患の死亡率は東北地方が高く、近畿、四国、中国地方が低いことが明らかである。脳卒中の発症に高血圧症が関わり、食塩の大量摂取が高血圧症を引き起こすことから、この脳血管疾患死亡率の著しい違いには食塩摂取量の地域差が関わると理解されている。例えば、小澤秀樹氏は大阪大学に提出した学位論文において、1960年代後半の秋田県と大阪府の食塩摂取量をそれぞれ23 g/日と14 g/日と推定し、秋田県における脳卒中の高い発症率に食塩摂取量が強く関連していると結論している[16]。なお、現在

---

(15) 政府統計の窓口 (2010)『都道府県別年齢調整死亡率 (人口10万対), 脳血管疾患・男女・年次別 (昭和35・40・45・50・55・60・平成2・7・12・17・22年)』、https://www.e-stat.go.jp/SG1/estat/GL08020103.do?_toGL08020103_&listID=000001101037&requestSender=search（2015年12月10日ダウンロード）。

では食塩摂取量の地域差がほとんど消失しており、脳血管疾患死亡率の地域差も小さくなっている。

(4) アジアに多い疾患と欧米に多い疾患

食塩系調味料の使用に伴う高食塩摂取はアジア型食生活の特徴である。さらに極端な低脂質摂取では血管の脆弱化が生じることも知られている。したがって、脳卒中は低脂質＋高食塩摂取のアジア型食生活に多い疾患であった。しかし、食生活の半欧米化に伴って脂質摂取の増加

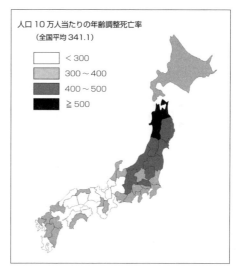

図11-4　都道府県別脳血管疾患死亡率（1960年）

（資料）注(15)の文献に記載されているデータをもとに作成した。

と食塩摂取の減少が生じた結果、1960年に全国平均341という高値であった日本の脳血管疾患死亡率は大幅に低下し、図11-5に示すように2008年では欧米各国とほぼ同程度の37にまで低下した[17]。それでも韓国では脳血管疾患死亡率が欧米の2倍近い数値であり、アジア型食生活の影響が残っている。

脳卒中は、血管が破裂する脳内出血と血管が詰まる脳梗塞に大別され、アジアに多いのは高血圧症が関わる脳内出血だった。近年、日本では脳内出血の減少に反比例して脳梗塞が増加している。血管が詰まって酸素や栄養素の供給が停止（これを虚血という）したために組織が壊死することを梗塞といい、心筋に酸素と栄養素を供給する冠状動脈が詰まることで発生する狭心症と心筋

---

(16) 小澤秀樹（1969）『脳卒中の地域差と過去の食生活』、大阪大学医学博士学位論文要旨、http://hdl.handle.net/11094/29965（2015年12月9日ダウンロード）。

(17) 国立社会保障・人口問題研究所（2012）『人口統計資料集2012、主要国の主要死因別標準化死亡率：2008年』、http://www.ipss.go.jp/syoushika/tohkei/Popular/P_Detail2012.asp?fname=T05-27.htm（2015年12月14日アクセス）。

III 食の安全・安心と健康リスク

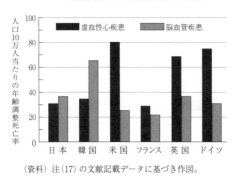

図11-5 虚血性心疾患と脳血管疾患の年齢調整死亡率の比較（2008年度）

（資料）注(17)の文献記載データに基づき作図。

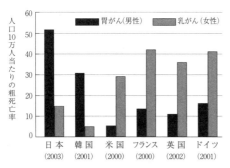

図11-6 東アジアで高い胃がん（男性）死亡率と欧米で高い乳がん死亡率

（資料）注(18)の文献記載データに基づき作図。国名の下の数字は調査年度。

梗塞をあわせて虚血性心疾患と呼ぶ。この血管が詰まる虚血性心疾患による死亡は図11-5に示すように欧米に多く、米国や英国では死亡原因の第1位である。虚血に直結する血栓が生じる原因は様々であるが、肥満に伴う血中コレステロール濃度の上昇が関連するといわれている。すなわち、高脂肪の欧米の食事はエネルギー効率が高いため、満腹感を得るまで食べ続けると過食になりやすく、肥満を招きやすい。実際、身長と体重の組み合わせで算定される体格指数 BMI（Body mass index）が30を超える典型的な肥満者の割合は、日本が数％未満であるのに対して欧米は十数％から40％に達している。極端にいえば、アジアの食事は血圧を上昇させて血管を破裂させるリスク

が高く、欧米の食事は血管を詰まらせて組織を壊すリスクが高いといえる。

　日本人の死因第1位は悪性新生物（がん）である。がんの好発部位にもアジアと欧米とでは違いがある。図11-6は、アジアに多い胃がんと欧米に多い乳がんの死亡率を示したものである[18]。アジアに胃がんの多い理由は、食塩の大量摂取、低脂肪食ゆえに腹一杯食べないとエネルギーが充足できず物理的

---

(18) 国立研究開発法人国立がん研究センターがん対策情報センター（2005）『がんの統計 '05』、http://ganjoho.jp/reg_stat/statistics/brochure/backnumber/2005_jp.html（2015年12月14日ダウンロード）。

に胃に負荷を与えること、さらにピロリ菌感染率の高さなどをあげることができる。前二者はアジアの食事の特徴であることから、アジアの食事は胃がんのリスクを高めるといえる。一方、欧米に多い乳がんは性ホルモンが関わる疾患である。欧米の高脂質食は性ホルモンの分泌量を高め、これが乳がんを増加させる原因とされる。乳がん同様に性ホルモンが関わる前立腺がんも欧米に多いがんである。したがって、欧米の食事は乳がんと前立腺がんのリスクを高めるといえる。

　大腸がんも欧米に多いがんであり、植物性食品からの食物繊維摂取量の多いアジアの食事は大腸がん予防につながるといわれてきた。しかし、アジアの人々が畜産物を食生活に取り入れることに比例して、アジアと欧米との差は縮小し、とくに日本人の大腸がん死亡率はすでに欧米各国と同水準となっている。第10章で述べたように、食物繊維の大腸がん予防効果はそれほど大きくなかったのである。

(5) フレンチパラドックス

　フランスの食事は、前出の図11-1に示したように脂質からのエネルギー摂取が40〜50%であり、欧米各国の平均的なパターンを示す。それにもかかわらず、図11-5に示したようにフランスの虚血性心疾患の死亡率はアジア並みに低い。この現象はフレンチパラドックスといわれ、フランス人が愛飲する赤ワインに含まれるポリフェノールの効用であるという俗説が生まれた。このため日本でも赤ワイン党が増加した。しかし、ワイン愛飲者には残念であるがこの俗説は明らかに間違っている。ポリフェノール類は確かに動脈硬化などを予防する機能を有するが、赤ワイン中のポリフェノールが実際に効果を示すには、アルコール性肝炎やアルコール中毒を引き起こすほどの飲酒量が必要なのである。

　それでは、フレンチパラドックスの原因は何だろうか。フランス人が他の欧米諸国の人よりも健康度が高いために虚血性心疾患の死亡率が低いのであれば、フランス人の平均寿命は欧米各国の中で高位でなければならない。しかし、**表11-2**(後出)のように、フランス人の平均寿命は欧米各国中の中位である。フランス人は虚血性心疾患以外の疾患で亡くなる人が多いために、結果として虚血性心疾患の死亡率が低いように見えるに過ぎないのかもしれない。ただし、

Ⅲ 食の安全・安心と健康リスク

フランス人のがんの死亡率は、男性は欧米各国の平均を上回るが、女性はむしろ下回っている。フランス人が英国などに比較して高いのは、虚血性疾患よりも若年に発生する肝臓疾患、交通事故死、自殺の死亡率である。つまり、赤ワインがフレンチパラドックスに寄与しているとすれば、赤ワインの飲み過ぎが相当数の人を心疾患に罹る年齢より前に、肝臓疾患、酔っ払い運転による交通事故、さらにはアルコール中毒に関係するうつ病を原因とする自殺などで死に至らしめているということかもしれない。赤ワインの効用を活かすには丈夫な肝臓と強靭な精神が必要ということだろう。

5 日本人の食生活の課題と未来

(1) 平均寿命世界一を支える現代日本の食生活

現在、日本の平均寿命は世界トップクラスである。これは、食生活を半分だけ欧米化してアジア型と欧米型を融合した結果、アジア型食生活に伴う脳卒中や胃がんのリスクが大きく低下する一方で、欧米型食生活に伴う虚血性疾患や乳がんのリスクが欧米の水準に届いていないことによって生じた現象である。

半分欧米化した現在の日本人の食生活は、一次機能すなわち栄養面では、三大栄養素だけではなく微量栄養素の点でも非常にバランスがとれている。バランスを保つ根本は、主食と副食（「ご飯とおかず」）の区別がはっきりしていることであろう。すなわち、米という糖質に富んだ食品を主食としているために糖質がエネルギー摂取の中心になる。いくら畜産物の摂取量が増加しても畜産物が主食にはならない。つまり、米を主食として食べている限り、欧米のように脂質がエネルギー摂取の中で大きな顔をするようなことにはならない。日本人は副食においても、野菜、大豆、魚を食べていたところに肉と乳製品を取り入れたため、様々なものを偏ることなく摂取することになった。ビタミンやミネラルを多く含んでいる食品は限定されるので、食品の種類が豊富であることはこれらの微量栄養素も週単位で見るとどこかで摂取できることになる。また、特定の食材に偏らないことは食品中有害成分のリスクも分散できる。かつて厚生労働省が「食生活指針」において1日30品目の

食品摂取を奨励したのは、30品目食べればどこかでビタミンやミネラルの多い食品を摂取することになるからだと理解できる。フランスや地中海諸国の食事が優れているとすれば、現在の日本の食事と同様に多様なものを食べていることにあると思われる。

（2）食生活の乱れ

これまで現代日本人の食生活は健全であると述べてきた。ところが、最近の国民健康・栄養調査における肥満と痩せの分布を見ると、中年以降の肥満者の増加と若年層（とくに女性）の痩せの増加に気付く[7]。これは食生活において、過食気味の年齢層と摂取不足の年齢層という二極化が生じていることを意味する。若年層において摂取不足の割合が増加していることの背景には、以下のことがあるようだ。すなわち、岩村や足立が指摘していることであるが、これらの集団では日本の食生活の根本である「ご飯とおかず」という形式、および1日3食という形態が崩壊しているようなのである[19]、[20]。つまり、食事の持つ様々な価値に気付かずに、他の娯楽や事項を優先するために食事にかける費用や時間を切り詰める若者が増加しているのである。岩村、および足立の成書に描かれているのは、二次機能（嗜好感覚機能）だけを食品の機能と考え、「お金をかけたくない」、あるいは「時間がない」という理由で、とりあえず入手しやすい口当たりのいいものだけですませているという若者（または若年者によって構成される世帯）の実情である。私の恩師である安本教傳京都大学名誉教授は、この現代食生活の乱れを、「ご飯とおかず」や「1日3食」という食事形式の崩壊（崩食）、家族がいるのに一人で食事を摂っている現象（孤食）、成り行きまかせの食生活を放置していること（放食）という3つのキーワードにまとめておられる[21]。

この現象は、団塊の世代以降が、自分たちは「ご飯とおかず」を根本にすえた日本型食生活の恩恵を受けたにもかかわらず、次の世代にそれを伝えていないというのが原因と思う。日本型食事を守るというのは何も難しいことではな

---

(19) 岩村暢子（2003）『変わる家族.変わる食卓』勁草書房.
(20) 足立己幸（2000）『知っていますか子どもたちの食卓』NHK出版.
(21) 安本教傳（2007）「第61回日本栄養・食糧学会大会講演要旨集」、3ページ.

Ⅲ 食の安全・安心と健康リスク

く、「ご飯とおかず」という形式の食事を1日1回は摂るということなのである。これさえ達成すれば、日本人の食生活というのはさほど神経質にならなくても一定水準が維持できる。政府もそのことにようやく気付き、学校教育の中に「食育」という分野を置いたのであろう。

むすび

表11-2は、世界各国の平均寿命をまとめたものである[22]。日本の平均寿命は世界最長であるが、一次機能の充足している欧米先進国に比較するとその差はわずかである。一方、食事の量の確保が不十分なアフリカの発展途上国と先進国との平均寿命の差は20年以上もある。

このことは、食生活にとって重要なのは一次機能の充足であり、しっかり食べることであることを意味している。「食べない」ことは「食べ過ぎ」よりも

表11-2 世界各国の平均寿命（2013年）

	男性	女性		男性	女性		男性	女性
日 本	80	87	ロシア	63	75	インド	65	68
米 国	76	81	ポーランド	73	81	メキシコ	73	78
カナダ	80	84	ブルガリア	71	78	ブラジル	72	79
英 国	79	83	ルーマニア	71	78	ボリビア	65	70
フランス	79	85	オーストラリア	80	85	チ リ	77	83
ドイツ	79	83	中 国	74	77	エジプト	69	74
スウェーデン	80	84	韓 国	78	85	南スーダン	55	57
デンマーク	78	82	北朝鮮	66	73	中央アフリカ	50	52
イタリア	80	85	タ イ	71	79	ルワンダ	64	67
スペイン	80	86	ベトナム	71	79	シェラレオネ	46	46
ギリシア	79	84	ラオス	65	68			
ボスニア	75	80	バングラデシュ	70	72			

（資料）World Health Statistics 2015[22] より引用した。

---

(22) World Health Organization (2015)『World Health Statistics 2015』http://www.who.int/gho/publications/world_health_statistics/2015/en/（2015年12月15日ダウンロード）。

健康にとってはるかに大きな悪影響を及ぼすのである。欧米型食生活の問題点が過食であることを考えると、食事にとってまず重要なことは栄養素を過不足なく摂取することにつきるといえるだろう。

(**参考図書**)（第 10 章の参考書も参照のこと）

板倉聖宣（2013）『脚気の歴史』（やまねこブックレット）仮説社。

岩村暢子（2007）『普通の家族がいちばん怖い──徹底調査！ 破滅する日本の食卓』新潮社。

佐々木敏（2015）『佐々木敏の栄養データはこう読む！──疫学研究から読み解くぶれない食べ方』女子栄養大学出版部。

富山和子（1993）『日本の米──環境と文化はかく作られた』中公新書。

IV

持続可能なフードシステムをめざして

第12章 豊かな食生活と持続可能なフードシステム

樫原正澄

はじめに

本章では、安心・安全で豊かな食生活を持続的に発展させるための方策について、検討することとする。

第1には、近年注目されている、地産地消を取り上げて考察を加える。農産物直売所の拡大や、学校給食における地場産利用は政策的課題としても重要となっている。

第2に、農産物流通における食の安全・安心問題について考えることにしたい。食の安全・安心は国民的な関心事項であり、行政ならびに事業者は積極的に取り組むべき課題となっている。

第3に、農産物をめぐる環境問題について検討を加える。農業生産現場において、環境問題への取り組みは増えている。卸売市場においても、環境問題への取り組みは重要となっている。

第4に、今後のあるべき農産物流通の方向性について考えることにしたい。

1 農産物流通の新たな潮流

(1) 地産地消

地産地消とは、その土地で生産された農林水産物を地域で消費する試みである。以前は、地産地消は普通に広くみられたが、大量流通システムの社会的普

第 12 章　豊かな食生活と持続可能なフードシステム

及と共に後退してきた。

　1990年代に入り流通環境は変わり、農業生産者は市場出荷ではなく地産地消に取り組み始めるようになる。それは、農業生産者にとっては確実な農業所得を確保することが模索された結果、地産地消によって新鮮な農林水産物を消費者に届け、消費者からも歓迎されるところとなり、農業生産者は積極的に取り組むようになったためである。

　地産地消は食料自給率の向上に寄与しており、農産物直売所や農産加工に取り組むことによって農林水産業の6次産業化が促進され、農業所得の確保に役立つこととなる。

　地産地消を推進するための施策としては、次のとおりである。

　「食料・農業・農村基本計画」（2010年3月）には、「第3　食料、農業及び農村に関し総合的かつ計画的に講ずべき施策」として、「1．食料の安定供給の確保に関する施策」のなかで国産農産物を軸とした食と農の結びつきを強化するために、地産地消の推進を図ると記されている。

　「地域資源を活用した農林漁業者等による新事業の創出等及び地域の農林水産物の利用促進に関する法律（六次産業化・地産地消法）」（2010年12月）には、地産地消関係として、その基本理念を、「①生産者と消費者との結びつきの強化、②地域の農林漁業及び関連事業の振興による地域の活性化、③消費者の豊かな食生活の実現、④食育との一体的な推進、⑤都市と農山漁村の共生・対流との一体的な推進、⑥食料自給率の向上への寄与、⑦環境への負荷の低減への寄与、⑧社会的気運の醸成及び地域における主体的な取組を促進すること」としている。そのために、国は基本方針を策定し、都道府県及び市町村は促進計画を策定することとしている（2013年9月現在、促進計画を策定している都道府県は23（48.9％）であり、市町村は154（9.0％）となっている）。そして、そのための必要な支援の実施を、国及び地方公共団体に求めている。

　「農林漁業者等及び関連事業の総合化並びに地域の農林水産物の利用の促進に関する基本方針」（2011年3月）において、地産地消に関係する目標として、①直売所の年間販売金額1億円以上の割合2006年度16％を、2020年度までに50％以上をめざす。②学校給食における地場産物の使用割合を2015年度

IV 持続可能なフードシステムをめざして

までに30％以上、国産食材の使用割合を2015年度までに80％以上をめざす。③グリーン・ツーリズム施設の年間延べ宿泊者数を2020年度までに1,050万人をめざすと、記している。

（2）農産物直売所

農産物直売所は、2006年度は直売所数13,538箇所、年間総販売額4,585億円、1直売所当たり年間販売額3,387万円であり、2012年度には直売所数23,560箇所、年間総販売額8,448億円、1直売所当たり年間販売額3,587万円となっている[1]。2000年以降、農産物直売所数は大きく増えており、年間販売額も増加している。年間販売額が増加していくなかで、品揃え機能の強化、鮮度保持、商品アイテムの拡充等が求められ、農産物直売所において競争環境は厳しさを増している。同業者間の競争だけではなく、他業態との競争を意識しながら、経営展開を図ることが大事となってきている。地域の商業施設としての公共性が問われることになる。

農産物直売所の地域的広がりについて見てみよう（図12-1参照）。

2010年における農産物直売所数は16,816箇所である。設置の多い都道府県としては、第1位は千葉県1,286箇所、第2位は群馬県1,093箇所、第3位は

図12-1　農産物直売所の都道府県別設置数（2010年）

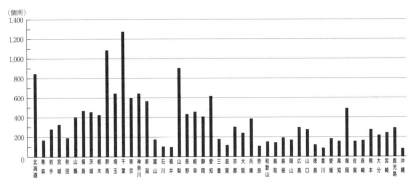

（資料）農林水産省「農林業センサス」（2010年）。同省編『2011年版 食料・農業・農村白書 参考統計表』より作図。

（1）農林水産省「地産地消の推進について」（2014年8月）の数値による。

山梨県910箇所、第4位は北海道854箇所、第5位は神奈川県653箇所となっており、基本的に大都市圏の周辺に多く立地している。関東圏以外では、中部圏、関西圏、北九州圏に農産物直売所が多くみられ、都市消費者との日常的な結びつきによって展開していると考えられる。

農産物直売所の抱える課題としては、次のことが指摘できる[2]。

地場農産物取扱量について、「増やしたい」66.4％、「現状維持」27.0％、「減らしたい」2.0％、「わからない」4.6％であり、地場農産物取扱量増加の意欲は高い。地場農産物販売の課題としては、「地場産物の品目数、数量の確保」、「購入者の確保」、「参加農家の確保」等があり、消費者に歓迎される農産物直売所の運営が必要となっている。

消費者は農産物直売所に関してどのような利点を感じているのであろうか[3]。

消費者は、地産地消について、新鮮、安心、おいしさ、生産者が身近、安さ等を魅力として感じている。こうした消費者の意向を踏まえて、農産物直売所は展開することが求められている。

（3）学校給食と地場農産物の利用

2008年の学校給食法の改正によって、2009年4月から、学校給食において地場農産物の活用に努めること等が規定された。そして、2011年3月に策定された「第2次食育推進計画」では、学校給食における地場産物の利用割合を2015年度までに30％以上とする目標を定めた。また、2013年の基本計画改正において、国産の食材利用割合を2015年度までに80％以上とすることを追加した[4]。

学校給食における地場農産物活用の意義について、文部科学省は次の7点を列挙している[5]。

①児童生徒がより身近に実感をもって、地域の自然、食文化、産業等について理解

（2）農林水産省大臣官房統計部「農産物地産地消実態調査（1999年度）」を参照。
（3）農林水産省大臣官房情報課「2006年度地産地消に関する意識・意向調査」を参照。
（4）農林水産省「地産地消の推進について」（2014年8月）を参照。
（5）文部科学省「食に関する指導の手引き――第1次改定版」（2010年3月）。

Ⅳ　持続可能なフードシステムをめざして

　②食料の生産、流通等に当たる人々の努力をより身近に理解
　③生産者や生産過程等を理解することによる食べ物への感謝の気持ち
　④新鮮で安全な食材を確保
　⑤流通に要するエネルギーや経費の節減、包装の簡素化等による環境への貢献
　⑥生産者側の学校教育に対する理解と連携・協力関係の構築
　⑦日本や世界を取り巻く食料の状況や食料自給率に関する知識や理解を深め、学習意欲が向上

　学校給食における地場農産物の利用を促進するために、「学校給食地場食材利用拡大モデル事業」、「地産地消給食等メニューコンテスト」等が実施されており、地場農産物の活用の取り組みを支援している。

　富山県砺波市では、学校給食センターが「農産物の規格表」を作成して、年間使用予定量、規格、納入時期等を、地元の農業生産者に提示して、地場農産物の学校給食への納入を進めている[6]。

2　農産物流通における食の安全・安心

(1) 食の安全・安心への国民的関心

　食の商品化に伴って食品事件は発生している。とりわけ、近年は頻発という状況にある[7]。

　2000年以降の食をめぐる主要な事件をみてみると、2000年には「雪印乳業」大阪工場による低脂肪乳食中毒事件がある。2001年には、国産1頭目のBSE（牛海綿状脳症、Bovine Spongiform Encephalopathy）罹病牛の発見があり、食品安全行政への国民の信頼は失墜し、食の安全行政を見直す出発点となった。

　2002年には、輸入牛肉の国産偽装による補助金不正受給事件、輸入農産物からの基準値を超えた残留農薬の検出事件等が発生し、2003年にはアメリカ

（6）農林水産省「地産地消の推進について」（2014年8月）を参照。
（7）近年の食品事件については、樫原正澄「食の安全・安心と農産物流通を考える」（樫原正澄・江尻彰『今日の食と農を考える』すいれん舎、2015年、第21章所収）を参照。

でのBSE罹病牛の発生があり、原産国表示の国民要求が強まることとなる。

2004年には高病原性鳥インフルエンザの発生、2006年には食品メーカーによる食品表示の不正事件の頻発、2007年には食品関連不正事件の連日報道がなされた。

2008年には中国製冷凍ギョーザ中毒事件、事故米穀問題が発生し、2009年には新型豚インフルエンザの発生、2010年には口蹄疫の発生があり、国際的な獣疫体制の整備が喫緊の課題となった。

2000年以降の食品関連事件が多発したため、食品安全行政は変更されることとなった。2002年には食品衛生法の一部緊急改正がなされた。2003年には、2001年の国産1頭目のBSE罹病牛の発見を受けて、「食品安全基本法」が制定され、本法に基づいて、食品安全委員会が発足した。また、食品衛生法の大改正が実施された。2009年には消費者庁が設置されて、消費者を重視した行政をめざし、消費者委員会が発足した。

こうした食めぐる状況によって、国民の食の安全・安心に対する意識は高まり、消費者等の原産地表示要求は強くなってきた。

1990年以降の生鮮野菜の輸入増加に伴って、輸入野菜を国産野菜と称して販売する偽装販売があり、1996年6月9日から輸入農産物5品目（ブロッコリ、サトイモ、ニンニク、根ショウガ、生シイタケ）の原産国表示が開始された。1998年2月にはゴボウ、アスパラガス、サヤエンドウ、タマネギの4品目が追加され、2000年6月には「農林物資の規格化及び品質表示の適正化に関する法律の一部を改正する法律」（改正JSA法）が施行され、同年7月1日から全品目の原産地（国）表示が実施されている。

（2）消費者の農産物購買行動

食の安全・安心が問われる状況において、消費者の国産品購入志向は高まっている[8]。

農林水産省「食料・農業・農村及び水産資源の持続的利用に関する意識・意向調査」（2010年5月公表）によれば、消費者の国産品を購入する割合は高く、

---

(8) 日本政策金融公庫「消費者動向調査」（2011年7月）参照。

「生鮮の国産野菜」96.5％、「生鮮の国産果実」93.1％、「国産豚肉」92.3％と9割以上の国産品購入志向がある。また、地場産品に関しても同様の傾向がみられ、「生鮮の国産野菜」88.2％、「生鮮の国産果実」75.3％、「国産豚肉」66.6％と、高い値となっており、消費者は国産品や地場産品への高い購入志向を有している。

消費者は国産農産物をどのように評価しているのであろうか。

農林水産省「食品及び農業・農村に関する意識・意向調査」(2010年4月公表)によれば、日本の消費者は輸入農産物に比較して国産農産物を、「旬や鮮度」、「産地と消費者との近さ」で高く評価しており、6割以上が「とても優れている」と、回答している。「おいしさ」、「ブランド」、「安全性」においても約4割が、「とても優れている」と、答えている。国産農産物は、「価格」の点を除けば、どの項目においても優れている（「とても優れている」と「どちらかといえば優れている」の合計）という回答は9割を超えており、高い評価を得ている。消費者は、鮮度や安心・安全を担保する意味でも、国産食材、地場農産物の購入を志向しており、現代の大量流通のなかで地産地消は注目されるところとなっている。

3　農産物の生産・流通における環境問題への対応

(1) 農業生産現場における環境問題への取り組み

環境意識の高まりによって、農業生産現場においても農業生産工程管理（GAP）に取り組まれている。

GAPの定義としては、国連食糧農業機関（FAO）では、「GAPとは、農業生産の環境的、経済的及び社会的な持続性に向けた取組であり、結果として安全で品質の良い食用及び非食用の農産物をもたらすものである」としている。また、日本の農林水産省ガイドラインでは、「農業生産工程管理（GAP：Good Agricultural Practice）とは、農業生産活動を行う上で必要な関係法令等の内容に則して定められる点検項目に沿って、農業生産活動の各工程の正確な実施、記録、点検及び評価を行うことによる持続的な改善活動のこと」として

第 12 章　豊かな食生活と持続可能なフードシステム

いる[9]。

　GAP 導入のメリットとしては、①食品の安全性向上、②労働安全の確保、③品質の向上、④競争力の強化、⑤環境の保全、⑥農業経営の改善や効率化、⑦消費者や実需者の信頼確保等が挙げられている。GAP においては、PDCA サイクルが活用されており、Plan において農場利用計画・点検項目を作成し、Do において実践・記録をし、Check において点検・評価をし、Action において改善を図ることとしている。

　GAP 導入産地数は、2007 年 7 月：439 産地、2008 年 7 月：1,138 産地、2009 年 3 月：1,572 産地、2010 年 3 月：1,984 産地、2011 年 3 月：2,194 産地、2012 年 3 月：2,462 産地、2013 年 3 月：2,607 産地、2014 年 3 月：2,713 産地と、年々増加している。

　品目別の GAP 導入状況は、2014 年 3 月現在で、野菜 1,681 産地（ガイドラインに則した GAP 導入産地[10]数 670 産地）、米 268 産地（同 96 産地）、麦 206 産地（同 78 産地）、果樹 399 産地（同 115 産地）、大豆 159 産地（同 51 産地）となっている。

　農林水産省の調査[11]によれば、GAP の認知度は、農業者 48.2％、流通加工業者 23.6％、消費者 13.2％となっており、消費者の認知度は高くない。農業者のうち、GAP に取り組んでいる割合は 47.6％となっている。

　農業者が GAP に取り組んでいる理由（複数回答・3つまで）としては、「食品の安全性向上に役立つため」78.8％、「環境保全に役立つため」44.1％、「農業者として取り組みことが当然と考えているため」37.6％、「消費者に対してアピールできるため」35.4％となっており、食品の安全性、環境保全が上位となっている。

（9）農林水産省生産局農産部技術普及課「農業生産工程管理（GAP）について」（2015 年 4 月）を参照。
（10）「農業生産工程管理（GAP）の共通基盤に関するガイドライン」（2010 年 3 月、農林水産省生産局）における法令上の義務項目をすべて満たし、かつ法令上の義務以外の項目の 8 割以上の項目を満たしているもの。
（11）2012 年 8 月中旬～下旬にかけて、農林水産情報交流ネットワーク事業モニターに対して実施し、農業モニター（畜産農家を除く）980 名、流通加工業者モニター（木材関係業を除く）542 名、消費者モニター 892 名の計 2,414 名から回答を得たもの。

（2）卸売市場における環境問題への取り組み

　卸売市場運営において環境負荷の低減は政策的課題となっている。環境負荷低減に係る目標・方針の策定状況[12]は、2013年度で中央卸売市場開設者のうち、策定しているは15市場（全開設者に占める割合35％）で策定しており、策定予定は7市場（同16％）であり、策定予定なしは20市場（同47％）となっている。策定しない理由としては財政的な理由としている開設者が多い。

　環境負荷軽減の取組としては（複数回答）、「リサイクル施設・設備の導入」49％、「太陽光発電施設・設備の導入」19％となっている。札幌市中央卸売市場では、食品リサイクル施設を整備して、野菜・果物クズを破砕・圧搾・乾燥し、飼・肥料化しており、処理能力は野菜・果物クズ7.0トン/日、木質パレット3.0トン/日、製造物0.6トン/日となっており、2013年度で野菜・果物クズ1,890トン削減、木クズ783トン削減の効果となっている。

（3）食品産業における食品のリサイクル

　食品産業における食品廃棄物の量は、「食品リサイクル法[13]」施行の2001年度は1,092万トンで、2007年度には1,134万トンで微増しているが、食品循環資源の再生利用率37％から54％と上昇傾向にある。

　食品循環資源の2007年度の再生利用率を業種別について、みてみよう（図12-2参照）。

　食品製造業81％（2001年度は60％）、食品卸売業62％（同32％）、食品小売業35％（同23％）、外食産業22％（同14％）となっている。食品流通の川下に位置する食品小売業や外食産業においては、食品廃棄物の発生量が少量分散であり、分別の困難性が高いため、リサイクルに大きな労力を必要としている。このようななかで、多店舗展開しているスーパーマーケット等の食品関連事業者は、「食品リサイクル・ループ[14]」の構築に取り組んでいる。

---

(12) 農林水産食品製造卸売課調べ、参照。
(13) 正式名称は、「食品循環資源の再生利用等に関する法律」である。
(14) 「食品リサイクルを一層円滑に進める観点から、食品関連事業者が排出した食品廃棄物を肥飼料等に再利用し、その肥飼料等を使用して生産された農畜水産物等をその食品関連事業者が再び商品の原料として利用すること」（農林水産省編『2011年版　食料・農業・農村白書』（2011年6月）379ページ）。

第12章　豊かな食生活と持続可能なフードシステム

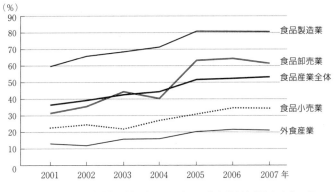

図12-2　食品循環資源の再生利用等の実施率の推移

（資料）農林水産省「食品循環資源の再生利用等実態調査報告」を基に算出し、作図した。

4　農産物流通の新しい方向

（1）食料消費の変化と食生活

　1960年以降の日本の食生活の変化について、みてみよう（**表12-1参照**）。

　この間、エンゲル係数は低下傾向となっており、2009年で23％となっている。供給熱量については1990年頃までは増加傾向にあり、2,600kcal台となっていたが、近年は、低下して2,400kcal台となっている。PFC比率をみればF（脂質）の摂取が多くなっており、PFCバランスが崩れてきており、国民の健康管理が必要となってきている。品目別の食品摂取をみれば、米の減少は顕著であり、2009年で58.5kgとなっており、1960年当時の約半分となっている。これに対して肉類、鶏卵、牛乳及び乳製品、油脂類は増加しており、食の欧米化は進行しているといえるであろう。

　飲食料の消費形態別最終消費額をみれば、生鮮食品は1980年14兆円であり、2005年は14兆円であり、この間には増加もみられたが大きくは変化していない。これに対して、加工食品は1980年の22兆円から2005年には39兆円と1.77倍に増加しており、同様に、外食は1980年の12兆円から2005年

Ⅳ 持続可能なフードシステムをめざして

表12-1 日本の食料消費・食生活の推移

		1960年	1970年	1980年	1990年	2000年	2009年
エンゲル係数（%）		42	34	29	25	23	23
国民1人当たりの供給熱量（kcal）		2,291	2,530	2,562	2,640	2,643	2,436
PFC供給熱量比率（%）	P（たんぱく質）	12.2	12.4	13.0	13.0	13.1	13.0
	F（脂質）	11.4	20.0	25.5	27.2	28.7	28.4
	C（炭水化物）	76.4	67.6	61.5	59.8	58.2	58.6
国民1人当たりの供給純食料（kg）	コメ	114.9	95.1	78.9	70.0	64.6	58.5
	小麦	25.8	30.8	32.2	31.7	32.6	31.8
	野菜	99.7	115.4	113.0	108.4	102.4	91.7
	果実	22.4	38.1	38.8	38.8	41.5	39.3
	みかん	5.9	13.8	14.3	8.3	6.1	5.0
	りんご	7.0	7.4	6.4	7.8	8.1	8.7
	肉類	5.2	13.4	22.5	26.0	28.8	28.6
	牛肉	1.1	2.1	3.5	5.5	7.6	5.9
	豚肉	1.1	5.3	9.6	10.3	10.6	11.5
	鶏卵	6.3	14.5	14.3	16.1	17.0	16.5
	牛乳及び乳製品	22.2	50.1	65.3	83.2	94.2	84.8
	魚介類	27.8	31.6	34.8	37.5	37.2	30.0
	油脂類	4.3	9.0	12.6	14.2	15.1	13.1

		1960年	1970年	1980年	1990年	2000年	2005年
飲食料の消費形態別最終消費額（兆円）	生鮮食品	-	-	14	17	15	14
	加工食品	-	-	22	35	41	39
	外食	-	-	12	18	23	21

（資料）総務省「家計調査」、農林水産省「食料需給表」、総務省等「産業連関表」を基に農林水産省で試算。農林水産省編『2011年版 食料・農業・農村白書 参考統計表』（農林統計協会、2011年）118ページより引用。
（注）エンゲル係数は、農林漁家世帯を除く2人以上の世帯の家計支出に占める食料費の割合（暦年の値）。1960年は全都市の値。2009年は、2010年の人口5万人以上の市の値。

には21兆円と1.75倍に大きく伸びており、日本の食の外部化は進行しているといえる。

　飲食費の最終消費額は、2005年で73兆6,000億円であり、2000年比10.2%マイナスと大きく減少している。構成比でみれば、2005年で生鮮品等18.4%（2000年比で2.6ポイント減）、加工品53.2%（同2.1ポイント増）、外食28.5%（同0.5ポイント増）となっており、食の外部化の進行となっている。加工食品は業務用需要だけではなく、家庭消費にも浸透しており、飲食費の最

終消費額をみれば、生鮮食品消費から加工品主体の食生活へと移行している。食生活における食品製造業の役割は大きくなっているといえる。豊かで安心・安全な食生活を実現するためには、食品関連不正事件が多発するなかでは、地域消費者の要求に沿った食品製造業の育成・指導が求められている。

(2) 生産者と消費者の新しい協同

　豊かで安全な食生活を実現するためには、日本農業の危機的状況を打開しなければならない。そのための方策として、生産者と消費者の新しい協同の方向性と課題について、述べることにしたい。

　第1は、グローバル時代において都市と農村は再編されてきており、その現実を踏まえて、運動を構築することが必要となっていることである。国際化農政にあっても、地域の家族農業経営の存続を模索する動きは国際的にも確認されている[15]。地産地消は新たな農産物流通の方向として注目されおり、国際的な運動としても、ファーマーズ・マーケット、CSA（「地域が支える農業」）、スローフード運動等がある。

　第2は、都市と農村の新たな関係の構築の必要性が高まっていることである。自然環境と社会環境の共存をめざして、都市と農村の関係を見直すことが必要となっている。生産者と消費者の新しい協同を創るためには、各地域の運動の経験を交流し、それぞれが抱える問題と課題を相互に認識する必要があり、連携のための情報ネットワーク化を進め、情報発信を援助する体制の構築が求められている。

　第3は、人間居住環境の総合性と全体性を堅持する重要性である。人間の地域生活は、その総合性と全体性が確保されてこそ、居住の快適性は保証されるであろう。

　ここで、市街化区域内農地について、みてみよう（図12-3参照）。

　市街化区域内農地面積は1993年14.3万haから年々減少して、2013年には8.0万haと急減している。しかしながら、生産緑地地区面積は1993年1.5万

---

(15) 2013年11月22日、国連は飢餓の根絶と天然資源の保全において、家族農業が大きな可能性を有していることを強調するため、2014年を国際家族農業年（International Year of Family Farming 2014）として定めた。

Ⅳ 持続可能なフードシステムをめざして

図12-3 市街化区域内の農地面積の推移

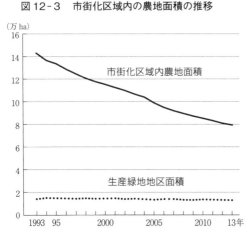

（資料）原資料は、総務省「固定資産の価格等の概要調書」、国土交通省「都市計画年報」。農水省編『2015年版 食料・農業・農村白書 参考統計表』より作成。

図12-4 市民農園の開設数の推移

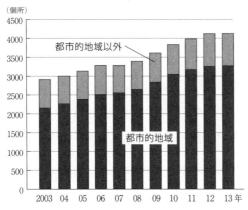

（資料）原資料は、農林水産省調べ。農水省編『2015年版 食料・農業・農村白書 参考統計表』より作成。

ha から、2013年には1.4万ha と微減で留まっている。都市内に残された農地の有効活用は、都市生活の快適性確保にとって重要な課題となっている。

続いて、市民農園について、みてみよう（図12-4参照）。

市民農園の開設数は増加しており、2003年2,904ヵ所から、2013年には4,113ヵ所と1.4倍に伸びている。しかも、市民農園の大半は都市的地域にあり、2013年で都市的地域3,250ヵ所（全体の79.0％）、都市的地域以外863ヵ所（同21.0％）となっている。こうした都市住民の要望に応えることは大事なことである。そのためには、都市住民のための食と農に関する制度の法制化を研究する必要がある。とりわけ、都市農地のあり方を都市住民と共に考えることが必要となっている。

第4は、地域住民自治を確立することである。地域

第 12 章　豊かな食生活と持続可能なフードシステム

の活性化を図るためには、地域への深い愛着の心が不可欠である。地域への愛着を土台として、地域住民自治を推し進めることが、生産者と消費者の新しい協同の創造につながるであろう。

むすびに

「食」と「農」の距離が拡大しているなかでは、地産地消は大きな役割を有している。消費者は安全・安心な農産物を手に入れるためには、「顔の見える関係」を大事にして、生産者と消費者との連携を促進することが必要となっている。生産者と消費者が協力・協同して、地産地消に取り組むこと求められている。「食と農の距離拡大」を解消するためには、地域農業の振興を図り、豊かな地域食生活ための生産基盤の確立が必要となっている。そのためにも、地産地消は強力に推進されることが求められている。

(参考文献)

宮崎猛編『農村コミュニティ・ビジネスとグリーン・ツーリズム――日本とアジアの村づくりと水田農法』(昭和堂、2011 年)

井口隆史・桝潟俊子編著『地域自給のネットワーク』(コモンズ、2013 年)

中島紀一『有機農業の技術とは何か――土に学び、実践者とともに』(農山漁村文化協会、2013 年)

田代洋一『地域農業の担い手群像』(農山漁村文化協会、2014 年)

小田切徳美『農山村は消滅しない』(岩波新書、2014 年)

第13章 「食」と「農」の新しい関係
——持続可能なコミュニティの建設のために

杉本貴志

1　消費者主権とコミュニティの持続的発展

　われわれ消費者は、どのような社会を望んでいるのだろうか。
　「消費者」という概念が芽生えた19世紀であれば、「まともに生活できる世の中」をもとめる消費者が圧倒的だったろう。健康を毒するインチキ食品があふれ、詐欺まがいの商売が横行していた時代、人々は何よりも人間として普通の生活が確保できる世の中を望んでいた。産業革命によって先進国で工業生産力が飛躍的に発展した後も、しばらくのあいだ、その恩恵は社会の大多数を占める人々には行き渡らなかった。その不満は「労働運動」として爆発し、人々は「協同組合運動」によって生活を防衛しようとする。「階級闘争」の先頭に立つのが資本家と対峙する賃労働者であり、市場経済を乗り越えた協同組合がその生活を支えるのだとされる。市場競争を原理とする社会を抜本的に変革しなければ希望はないと考えた人々によって、こうした運動は先導されていた。
　つづく20世紀になると、人類は二度の不幸な世界大戦を経験しなければならなかったが、その前後、先進国の人々は「豊かさ」を求め始める。そこには「消費者運動」が誕生し、消費者たちは「より良いものをより安く」手に入れることを追求し始めた。賃上げを要求する労働組合運動や「食の安心・安全」をもとめる消費者運動は、19世紀の運動を受け継ぐものであると同時に、それなりの豊かさが見えてきた時代の新しい運動でもあった。一段と高いレベルの「衣食住」を国民の多数にもたらすことが先進国の政策目標となる。そして世紀の中盤から後半には、さまざまな問題があったとはいえ、その目標が欧米

諸国や日本において、それなりに達せられたというのも事実であろう。先進国経済の中で暮らす消費者は、それなりに豊かになった。つまり、それは「消費者主権」社会の到来である。

　到来というのは言い過ぎかもしれない。消費者は確かにある面では強くなったけれども、成分をごまかしたり期限を偽ったりする表示偽装など、消費者個人が犠牲になる事故・事件は未だ後を絶たないから、「消費者が社会の主人公だ」と言い切ることにはためらいがある。しかし、それでもそうした事件が起これば、「消費者が軽視されている」という非難の声が巻き起こるだろう。すくなくとも建前としては「けしからん」という言葉を誰もが口にするはずである。その程度までには、われわれが住む社会は消費者主権に近づいている。

　それでは21世紀には、われわれは何を目指すべきなのか。この消費者主権が不徹底な点を是正し、消費者主権の社会を完成させることがわれわれの進むべき道なのだろうか。

　20世紀も終わりに近づくにつれて、そういう道とは別の道を考えるべきではないのかという議論がさまざまな分野で巻き起こるようになった。

　例えば、本書のテーマのひとつである環境問題である。消費者主権の追求と環境問題の解決とは、時として矛盾・衝突するテーマである。豊かさを求めた人々は「大量生産・大量消費」の社会をつくりあげたが、これによって最初は地域レベルで、のちには地球規模で、深刻な環境問題が生じることになった。環境問題の告発は、環境を破壊する企業への批判であるだけでなく、「消費者は王様なのか」という問いかけでもある。

　また、消費者の豊かさを追求した20世紀は、あらゆる「コミュニティ」が破壊され、駆逐された時代でもあった。

　例えば日本では、「食」をはじめとする生活物質を安価に手に入れることを追求した結果として、農業・漁業・林業といった第一次産業が打撃を受け、農山漁村のコミュニティが破壊された。第三世界の諸国においても、先進国の消費者に安く輸出することだけを目的とした経済構造が構築された結果、地域経済は歪化し、多くのコミュニティが壊滅的な打撃を受けている。こうした側面からも、20世紀的な豊かさの追求に対しては見直しと反省が必要なのである。

　「消費者主権」よりも「持続可能なコミュニティづくり」をめざすべきでは

ないのか。20世紀末から21世紀初めにかけて、そうした声が急激に拡大している。しかし、それをいかに追求すればいいのだろうか。

2　効率優先主義＝比較生産費説の限界

　消費者の利益だけを追求するというのであれば、その道のりにさまざまな困難があるとしても、目標は明確だろう。考えるべきはひとつの利害、すなわち消費者というステークホルダーである。それに対して、多様な立場の人々を包含するコミュニティを維持するためには、衝突する利害をいかに調整するかという厄介な問題が常につきまとう。

　「より良いものをより安く」するためには、とにかく効率的な生産と分配の体制をつくりあげればいい。それを追求するのが経済学であって、社会における「富」の量を最大化することがその課題である。その経済学の根本的な原理の一つに「比較生産費説」という考え方がある。19世紀に古典経済学を完成させたD・リカードが唱えたこの学説は、今日でも経済学の基本中の基本として、どの入門書にも必ず説明されている原理である。

　議論を単純化するために、経済が「自動車の生産」と「コメの生産」の2つだけで成り立っているとしよう。先進国である日本は、途上国A国よりも自動車の生産において10倍効率的な生産体制があるとする。またコメの生産においても、技術力や自然条件で日本がA国の2倍の生産力を擁しているとする。この場合、自動車もコメも日本で生産した方がA国よりも効率的であるのだから、言い換えれば日本で生産した方が自動車もコメも安くつくれるのだから、どちらも日本でつくったほうがいいのだろうか。リカードが提起したのはこの命題である。

　結論から言えば、そうはならないと主張し、論証するのが比較生産費説である。たしかに絶対的な水準でみれば、日本は自動車でもコメでも優位にあるが、相対的に見れば、自動車における優位性の方がはるかに大きい。コメでの優位性は相対的には低いのである。そういう場合、日本は自国の生産力を自動車だけに集中して、コメの生産はA国に任せるべきである。そして生産した自動車

第13章 「食」と「農」の新しい関係

の一部をA国に輸出し、逆にそれと引き換えにA国からコメを輸入する。そうすれば、結果的に日本でもA国でも、消費者が手にできる自動車とコメの量は増大する。

　生産力が高い日本からすれば、その水準が低いA国にコメの生産を任せてしまったらコメの収穫が減るのではないか、価格が上昇したりコメが不足したりしてしまうのではないか、と考えがちであるが、**表13-1**にあるように、実際にはそうはならない。つまり、各国は自分が最も得意とする分野（「比較優位」にある分野）の生産に特化し、自由貿易を行うべきなのである。

表13-1　比較優位に基づく国際分業の利益

前提条件：日本とA国の生産力の違い

	日　本	A　国
自動車1台を生産するのに必要な労働力	10人	100人
コメ1トンを生産するのに必要な労働力	5人	10人
労働力人口	5400万人	8100万人

ケース1：自動車もコメも自国で生産した場合の生産量

	日　本	A　国	両国の合計
自動車	4500万人で450万台	450万人で45万台	495万台
コ　メ	900万人で180万トン	3600万人で360万トン	540万トン

ケース2：日本は自動車、A国はコメに生産を特化した場合の生産量

	日　本	A　国
自動車	5400万人で540万台	0台
コ　メ	0トン	8100万人で810万トン

ケース3：ケース2の日本の余剰生産物（自動車90万台）をA国の余剰生産物（コメ450万トン）と交換（貿易）した場合に両国で得られる生産物

	日　本	A　国	両国の合計
自動車	540万−90万=450万台	90万台	540万台
コ　メ	450万トン	810万−450万=360万トン	810万トン

※　ケース1とケース3を比べると、日本でコメが270万トン、A国で自動車が45万台増えている。国際分業と貿易によって、その分の富の増加がもたらされたということである。

Ⅳ　持続可能なフードシステムをめざして

　比較生産費説は、このように自由貿易を基礎づける根本原理として今なおしばしば言及されるのであるが、原理としていかに優れたものであっても、それが実地でも適用されるべき基準であるかどうかは別の問題である。なぜなら、経済学におけるその他の原理と同じく、比較生産費説も現実ではありえない多くの前提を満たしたときに初めて成立するものだからである。

　もし資本や労働力の移動が完全に自由で、いついかなる場合にもすぐに新しい産業が生まれ、そこで誰もが働けるのであれば、そして技術はどんな場所でも無条件に発展し、産業には常に革新がもたらされるのであれば、比較優位に基づいて産業を選別し、特定の産業に各国が特化して自由貿易体制を敷くことで、人々には表13-1のケース3で示したような豊かさが必ずもたらされるであろう。しかし現実にはそんなことはありえない。

　現実の社会においては、例えば自動車の生産では競争に敗れたから明日からはコメを作るというわけにはいかない。コメばかり作っている国で自動車やコンピュータの生産技術が発展することもあり得ない。比較優位の考え方は、実はすでに発展を遂げた先進国の先端産業にきわめて有利な考え方であって、これから開発を始めようという後進国が育成しようとする工業や、先進国で片隅に追いやられながらも続けられてきた第一次産業を破壊し、南北間の格差を伴った役割分業を固定化する役を演じかねない考え方でもある。

　企業における仕事の分担になぞらえて説明しよう。アンケートを分析して、それをもとに重要な提案を行うという仕事が月末までに課せられたとする。そしてその会社には、分析と提案の立案はもとより、プレゼンテーション用のスライド作成も、配布資料を袋詰めするような単純作業も、どんな仕事でも誰よりもうまく短時間で仕上げられるような有能なベテラン社員がいたとする。しかし、その一人にすべての仕事を任せていてはとても時間的に間に合わないという場合、そこでは比較優位の考え方を採用して仕事の分担を行うことが適切な対処となろう。ベテラン社員のAさんには分析や提案を検討することに専念してもらい、スライドの作成はその作業が得意なアルバイトを臨時で募集し、採用されたBさんに任せる。袋詰めなどの単純作業は、入社したてで経験が浅い新入社員C君に担当してもらう。こういうケースでは、比較優位の考えに基づく分業がとても役に立つのである。

第13章 「食」と「農」の新しい関係

しかし、企業の長期的発展ということを考えた時、常にそうした方針で臨み、その分担体制をいつまでもずっと続けることは適切だろうか。

社外秘の仕事に関するプレゼンテーションの準備を外部のアルバイトに頼むわけにはいかないという事態が、いつの日か生じるかもしれない。そんなときのことも考えた体制を組んでおかなくていいのだろうか。ベテラン社員のほうが仕事を早くこなせるのだから新入社員には単純作業しかやらせないということでは、その新入社員はいつまでたっても成長しないだろう。そんなことでは10年後、20年後の会社が心配になる。目先の仕事を片付ける効率性だけで物事を判断していては、企業の将来を危うくすることにもなりかねないのである。

ここから明らかなことは、短期間の成果だけを切り取って比べれば、効率を最大限に追求した比較優位にもとづく分業体制が最強だろうが、そのコミュニティの「持続的発展」という視点を取り入れた時、それは必ずしも真理ではないし、唯一絶対の道では決してないということである。

3　FEC自給圏の構想

計画経済体制が崩壊し、自由競争の市場経済が世界経済における絶対的な支配体制・主流のイデオロギーとなったにもかかわらず、地域における自給の経済、いわゆる「地産地消」の再興が20世紀末から再び強調されるようになったのは、コミュニティの維持・発展にとって、効率性だけを追求する自由貿易はむしろ妨げとなる場合が多いということに多くの人々が気付いたからでもある。遥か遠くの名も顔も知らない人たちが作ったものを輸入して購入した方が価格的には安く、品質にもとくに問題はなかったとしても、あえてそういうものは買わずに、できるだけ身近な地元で作られたものを購入する。そうやって地域の産業を盛り立て、復興し、維持していこう。「より良いものをより安く」求めようとする「経済人」の行動原理からは外れた、そんな消費行動を自ら選択する消費者が増えてきた。

消費者だけでなく、農業に携わったり漁業に従事したりする人たちのなかにも、自分たちの物質的利益だけでなく、自分たちが属するコミュニティの利益

IV 持続可能なフードシステムをめざして

を考えなければいけないという考え方が広まっていく。生協や農協や漁協といった協同組合は、消費者・農業者・漁業者といった立場の違いを越えて国際協同組合同盟（ICA）という世界的な連帯組織を作っているが、このICAが「協同組合はコミュニティの持続的発展に関与する」と宣言したのは1995年のことである。

いいものを安く手に入れることをひたすらめざしていた20世紀における消費者の協同組合と違って、21世紀の協同組合はコミュニティ全体を考慮した事業と運動を展開しなければならないとされたのであるが、コミュニティにはさまざまな立場、さまざまな境遇にある人々が集まっている。そこには農産物の価格が上昇することを願う生産者もいれば、生協の事業高が伸びることに懸念を示す小売業者さえいるだろう。これからの生協はコミュニティに責任を持つのだと抽象論を掲げることには反対はないだろうが、具体的に生協が歩むべき道とはどんなものだろうか。徹底して消費者の立場に立った20世紀の生協の遺産を受け継ぎつつ、新しい発想で新しい消費者とその組織・運動の姿を思い描くことがもとめられている。

そのためのヒントとして、京都生協が展開することで全国的に注目された「さくらこめたまご」の取り組みを取り上げよう。

「さくら」という品種の鶏卵は京都生協以外の小売店でも時折見かけるが、「さくらこめたまご」はその名の通り「コメ」を飼料に加えるという付加価値をつけた京都生協オリジナルの鶏卵である。ニワトリを飼料米で育てることでどういう付加価値が生まれるのか。飼料におけるコメの割合を増やすことで徐々に黄身が鮮やかな黄色から白色化するが、飼料米を導入してもとくに味や栄養に顕著な違いが生まれるわけではないという。つまり、鶏卵の生産にコストが安くはない飼料米をわざわざ用いても、消費者に対して何か直接の便益があるわけではない。それでも京都生協がこの取り組みを展開するのは、これによって休耕田、耕作放棄地をすこしでも減らし、ひいては食料自給率を高めたいという意図からのことである。

他の農業地域と同じく、京都においても消費者のコメ離れを受けて稲作が放棄された農地が目立っている。消費者に和食の良さをアピールすることももちろん重要だが、それ以外にも何かこの問題に消費者の組織・運動として取り組

第 13 章 「食」と「農」の新しい関係

「さくらこめたまご」の売り場（京都生活協同組合）

めることはないか。生産者と相談しながら考えられたのが、飼料としてのコメの活用だった。「さくらこめたまご」は、生協がその意図をカタログや売り場で組合員に対して詳しく説明し、売価を1個につき1円（10個入りパックで10円）高くして、その上乗せ金額分を生産者に対して応援金として支払うという商品である。そして、大勢の京都生協の組合員がその趣旨に賛同し、非常に良好な売れ行きを記録しているのが、この「さくらこめたまご」なのである。飼料のうちの10％を飼料米とした「さくらこめたまご」は、現在では毎週約1万パックの売り上げを記録し、その飼料米の生産には農地47ヘクタールが使われている。京都全体で耕作放棄地が2775ヘクタール、飼料米生産地が93ヘクタールである（2015年現在）ことを考えれば、たったひとつの組織が考え、たったひとつの食品が成し遂げた成果は決して無視しえないものだということが了解されよう。

消費者は安さとおいしさだけを求めているわけではない。それ以上のものが

Ⅳ 持続可能なフードシステムをめざして

消費行動によって実現し、自分もそれに貢献したという満足が得られるのであれば、進んでそういう消費を行うだろう。そういう消費者が増えているのである。欧米諸国にすっかり定着したフェアトレードはそうした「消費からの社会貢献」の代表であるが、第三世界に限らず、国内の農業生産者と消費者との新しい関係を考えるにあたっても、こうした視点を加えることがいまや不可欠といえる。そしてそこに「食」や「農」についてだけでなく、エネルギー問題や介護その他の福祉サービスの問題をも包含して、コミュニティにおける生活全体を視野に入れた考察を重ねることが、いまもとめられている。その代表が、経済評論家の内橋克人氏が提唱する「FEC自給圏」構想である。

きちんとした生活ができるコミュニティを再建することが、生協など地域の住民がつくる諸組織のこれからの大きな課題であるが、そこではまず「食」をどうするかが課題となるだろう。しかし人は、食がなければ生きられないけれども、食だけでは生きられない。食にも住にも「エネルギー」が必要であるし、多くの人は老いれば自力では生きられなくなる。生活するコミュニティのなかで福祉サービスなどの「ケア」が得られるかどうかも死活問題である。そのケアサービスは、反対側から見れば、コミュニティに対する「職」の提供でもある。地域でこれを賄うことは、サービスを受ける側だけでなく提供する側にとっても有益である。食（Food）とエネルギー（Energy）とケア（Care）の「FEC」を自活できるコミュニティづくりがこれからは必要だと内橋氏は説く。

20世紀型大量生産・大量消費の社会であれば、農産物など食料は適材適所、もっとも品質がいいものを最も安く調達できるところで手に入れるのが合理的選択だとされた。世界中から安くて高品質の農産物を輸入することが豊かな食生活につながるというのである。またエネルギーを安く手に入れるのに必要なのは大規模で効率的な供給源であって、土地が安い地方に原子力等を用いる大規模発電所を建設することで、電力をふんだんに使う豊かな生活が得られるのだと考えられた。福祉サービスにしても、自宅で不自由な生活を無理して送るよりもきちんとした設備が整った施設に高齢者を集めて、そこで高次元のケアサービスを提供するのがいいのだとされた。

FEC自給圏構想に代表される「自立したコミュニティ」の再興・建設論は、

こうした考え方に真っ向から対置されるものである。

地域の食べ物を大切にして、できるだけその地域の食文化を守り、域内の食料自給率を高めていこう。エネルギーも、風力や小水力、太陽光、バイオマスなど、その地域にあった小規模な発電所を地域内に設けることで、再生可能エネルギーを普及するとともに、それぞれの地域がそれぞれの地域で必要とするだけのエネルギーを可能な限り自力で調達する道をめざそう。高齢化が進んでも、住み慣れた地域、住み慣れた我が家で、地域の人々によるケアサービスを受けながら暮らしていけるコミュニティをつくろう。こうした考え方に対する共感が徐々に広がっている。

4 「食」と「農」の新しい関係

　地方に産業を興すといっても、外部から資本・企業を誘致し、人里離れた土地に大規模な工場や発電所や福祉施設をつくって専ら外部の人を対象にしたサービス事業を行うのではなく、その地域に住んでいる人たちが自分たちみんなの利益になるものを自分たち自身でつくることがこれからは重要となるだろう。「食」と「農」の問題についても同様である。
　都市の消費者が地方の農業を支援することで食料自給率を高めようという考え方や運動は20世紀にもあった。例えば、農家など生産者と小売業や生協など消費者サイドとを卸売市場を経ることなく直接結ぼうという「産直」は、市場の介在を省くことで、誰がつくった生産物なのかを明確にしたり、流通コストを削減したりするだけでなく、農業や漁業においては生産が著しく不安定であるという不可避的な条件に苦しむ生産者を消費サイドから応援しようという意図が込められていた。「豊作貧乏」という言葉に象徴されるように、市場価格が天候に左右され、収入が安定せずに先行きが見えない農家に対して、その農産物の安定した供給先となることを、そもそもの生協産直はめざしていたのである。
　全国の生協はさまざまな形で産直事業を発展させたが、「生産者がわかる」「生産方法がわかる」「生産者との交流がある」という、いわゆる「生協産直の

3原則」はほとんどの生協に共通する方針・考え方であった。とくに「生産者との交流」を産直に不可欠の条件としたことは重要である。すくなくとも生協においては、産直というシステムは「どんな素性の生産物なのかはっきりさせたい」という消費者の食卓における要求を実現するだけのものではなく、農業など食料の生産を消費者としてどう考えるのかという問いかけに対する答えとしても用意されたものだったのである。

ところが今日、「産直は変質してしまった」としばしば指摘される。産直に熱心だった農家のなかにも、産直に対する期待が急激に薄れてしまったといわれている。

その理由は、産直の生産サイドを担う農業協同組合と、消費サイドの消費協同組合（生協）とが産直品の納入・引き取りについて、どのような条件を取り決めているかを見れば一目瞭然である。

かつては多くの生協で、生活クラブ生協の「豚の一頭買い」と呼ばれた消費行動に代表されるように、「消費者も生産者と痛みを分かちあうべきだ」とする考え方をもとに産直事業が組み立てられていた。ヒレ肉だけからできている豚はいない。ロースだけの豚もいない。好みだからといって、カネは払うのだからといって、好みの部位だけを注文していては、養豚農家が苦労して育てた豚の他の部位が無駄になる。グループごとにまとまって、できるだけ満遍なく豚のあらゆる部位を消費しようではないか。これが、豚の一頭買いとも呼ばれた生活クラブの消費行動である。

他の生協においても、例えば、収穫された生産物は必ずすべて引き取るという「全量引き取り」契約や、事前に最低買い入れ価格を契約して「生産費を保証」する契約を結ぶなど、農家が安心して農業に従事できるように、消費者も生産者の苦難を理解し、「買う」という行動によって彼らを支援しようという工夫が産直事業の中には取り込まれていた。しかし、いまや産直事業においてそうした側面は薄れ、なくなりつつあるのではないかという批判が、大規模化した生活協同組合にしばしば投げかけられている。

事実、「産直品の価格は市場価格に連動させる」という生協や、「産直でも全量引き取りなどはせずに、組合員から注文を受けたのちにその都度発注する」という方針を掲げる生協が増加している。生産サイドから見れば、これでは

第 13 章　「食」と「農」の新しい関係

「売れるのか売れないのか」「いったい、いくらで売れるのか」がまったくわからない。つまり、生産者にすれば市場に出荷するのも産直に出荷するのも何ら変わりはなく、わざわざ産直に取り組むメリットが価格面でも数量の安定という面でもほとんどない、ということになってしまうだろう。

もちろん、消費者サイド＝生協からすれば、産直品といっても、市場で売られている価格よりもずっと高価な品物などいまや全く売れない、格差社会の中で収入減に苦しむ消費者に対して少しでも安く良質の「食」を提供するのが生協の使命だ、という主張となるだろう。「農」を維持するために消費者が一方的に犠牲になるような体制には理解が得られないだろうし、そもそもそれには限界がある。

コミュニティの「食」を供給側と消費側の双方から支えるような新しい流通の理念やシステムとはいかなるものなのだろうか。生協、スーパーマーケット、共同購入、産直、直売所……と、さまざまなシステム・業態が 20 世紀には開発された。それぞれの長所と短所を振り返って、あるいはまったく新しい発想をもって、「食」と「農」の新しい関係のあり方を模索しなければならない時代にわれわれは生きているのである。

（参考文献）

辻村英之『農業を買い支える仕組み――フェアトレードと産消提携』太田出版、2013 年。
内橋克人『共生経済が始まる――人間復興の社会を求めて』朝日文庫、2011 年。
中川雄一郎・杉本貴志編著『協同組合 未来への選択』日本経済評論社、2014 年。

編者・執筆者紹介　　*（）内は専攻

■編者／第2・3・4・12章執筆
樫原正澄（かしはら・まさずみ）
関西大学経済学部教授　（農業経済学）
1951年生れ。大阪府立大学大学院農学研究科出身

■第1章執筆
森　隆男（もり・たかお）
関西大学文学部教授　（文化遺産学・民俗学）
1951年生まれ。関西大学大学院文学研究科出身

■第5・6章執筆
良永康平（よしなが・こうへい）
関西大学経済学部教授　（経済統計学）
1957年生まれ。一橋大学大学院経済学研究科出身

■第7・13章執筆
杉本貴志（すぎもと・たかし）
関西大学商学部教授　（協同組合論）
1963年生まれ。慶応義塾大学大学院経済学研究科出身

■第8章執筆
辛島恵美子（かのしま・えみこ）
関西大学社会安全学部教授　（安全学構築研究）
1949年生まれ。東京大学大学院工学研究科出身

■第9章執筆
高鳥毛敏雄（たかとりげ・としお）
関西大学社会安全学部教授　（公衆衛生学）
1955年生まれ。大阪大学医学部出身

■第10・11章執筆
吉田宗弘（よしだ・むねひろ）
関西大学化学生命工学部教授　（栄養化学）
1953年生まれ。京都大学大学院農学研究科出身

食と農の環境問題 ―― 持続可能なフードシステムをめざして

2016年9月16日　第1刷発行
2019年3月28日　第2刷発行

定価はカバーに表示してあります

編　者　　樫原正澄

発行者　　高橋雅人

発行所　　株式会社すいれん舎
　　　　　〒101-0052
　　　　　東京都千代田区神田小川町3-14-3-601
　　　　　電話 03-5259-6060　FAX 03-5259-6070
　　　　　e-mail : masato@suirensha.jp

印刷製本　　モリモト印刷株式会社

装　丁　　篠塚明夫

©Masazumi Kashihara, 2016 Printed in Japan
ISBN 978-4-86369-452-1 C0061

樫原正澄・江尻 彰／著

今日の食と農を考える

変貌する日本人の食生活。ますます拡大する〈食と農の乖離〉の現状と問題点について、食料の生産・流通の両面から解明する。

●Ａ５判／定価（本体2000円＋税）

すいれん舎